中国国家公园体制建设研究丛书
Research Series on Development of China's National Park System

A Roadmap for
Reforming Governance Structures for
China's Nature Conservation

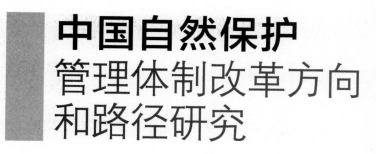

中国自然保护
管理体制改革方向
和路径研究

李文军　徐建华　芦　玉 —— 著

中国环境出版集团·北京

图书在版编目（CIP）数据

中国自然保护管理体制改革方向和路径研究/李文军，

徐建华，芦玉著. —北京：中国环境出版集团，2018.10

（中国国家公园体制建设研究丛书）

ISBN 978-7-5111-3694-7

Ⅰ. ①中⋯　Ⅱ. ①李⋯　②徐⋯　③芦⋯　Ⅲ. ①自然

保护区—管理体制—体制改革—研究—中国　Ⅳ. ①S759.992

中国版本图书馆 CIP 数据核字（2018）第 118578 号

出版人	武德凯
责任编辑	李兰兰　孔　锦
责任校对	任　丽
封面制作	宋　瑞

更多信息，请关注
中国环境出版集团
第一分社

出版发行　**中国环境出版集团**

（100062　北京市东城区广渠门内大街 16 号）

网　　　址：http://www.cesp.com.cn

电子邮箱：bjgl@cesp.com.cn

联系电话：010-67112765（编辑管理部）

　　　　　010-67112735（第一分社）

发行热线：010-67125803，010-67113405（传真）

印　　刷	北京中科印刷有限公司
经　　销	各地新华书店
版　　次	2018 年 10 月第 1 版
印　　次	2018 年 10 月第 1 次印刷
开　　本	787×1092　1/16
印　　张	8.25
字　　数	148 千字
定　　价	37.00 元

中国国家公园体制建设研究丛书

编 委 会

踏上国家公园体制改革新征程

自 1872 年世界上第一个国家公园诞生以来，由于较好地处理了自然资源科学保护与合理利用之间的关系，国家公园逐渐成为国际社会普遍认同的自然生态保护模式，并被世界大部分国家和地区采用。目前已有 100 多个国家建立了近万个国家公园，并在保护本国自然生态系统和自然遗产中发挥着积极作用。2013 年 11 月，党的十八届三中全会首次提出建立国家公园体制，并将其列入全面深化改革的重点任务，标志着中国特色国家公园体制建设正式起步。

4 年多来，国家发展和改革委员会会同相关部门，稳步推进改革试点各项工作，并取得了阶段性成效。特别是 2017 年，国家发展和改革委员会会同相关部门研究制定并报请中共中央办公厅、国务院办公厅印发《建立国家公园体制总体方案》（以下简称《总体方案》），从成立国家公园管理机构、提出国家公园设立标准、编制全国国家公园总体发展规划、制定自然保护地体系分类标准、研究国家公园事权划分办法、制定国家公园法等方面提出了下一步国家公园体制改革的制度框架。

回顾过去 4 年多的改革历程，我国国家公园体制建设具有以下几个特点。

一是对现有自然保护地体制的改革。建立国家公园体制是对现有自然保护地体制的优化，不是推倒重来，也不是另起炉灶，更不是对中华人民共和国成立以来我国自然生态系统和自然文化遗产保护成就的否定，而是根据新的形势需要，对保护管理的体制机制进行探索创新，对自然保护地体系的分类设置进行改革完善，探索一条符合中国国情的保护地发展道路，这是一项"先立后破"的改革，有利于保护事业的发展，更符合全体中国人民的公共利益。

二是坚持问题导向的改革。中华人民共和国成立以来，特别是改革开放以来，我国的自然生态系统和自然遗产保护事业快速发展，取得了显著成绩，建立了自然保护区、风景名胜区、自然文化遗产、森林公园、地质公园等多种类型保护地。但自然保护地主要按照资源要素类型设立，缺乏顶层设计，同一类保护地分属不同部门管理，同一个保护地多头管理、碎片化现象严重，社会公益属性和中央地方管理职责不够明确，土地及相关资源产权不清晰，保护管理效能低下，盲目建设和过度利用现象时有发生，违规采矿开矿、无序开发水电等屡禁不止，严重威胁我国生态安全。通过建立国家公园体制，推动我国自然保护地管理体制改革，加强重要自然生态系统原真性、完整性保护，实现国家所有、全民共享、世代传承的目标，十分必要也十分迫切。

三是基于自然资源资产所有权的改革。明确国家公园必须由国家批准设立并主导管理，并强调国家所有，这就要求国家公园以全民所有的土地为主体。在制定国家公园准入条件时，也特别强调确保全民所有的自然资源资产占主体地位，这才能保证下一步管理体制调整的可行性。原则上，国家公园由中央政府直接行使所有权，由省级政府代理行使的，待条件成熟时，也要逐步过渡到由中央政府直接行使。

四是落实国土空间开发保护制度的改革。党的十八届三中全会《中共中央关于全面深化改革若干重大问题的决定》中关于建立国家公园体制的完整表述是"坚定不移实施主体功能区制度，建立国土空间开发保护制度，严格按照主体功能区定位推动发展，建立国家公园体制"。建立国家公园体制并非在已有的自然保护地体系上叠床架屋，而是要以国家公园为主体、为代表、为龙头去推动保护地体系改革，从而建立完善的国土空间开发保护制度，推动主体功能区定位落地实施，使得禁止开发区域能够真正做到禁止大规模工业化、城镇化开发建设，还自然以宁静、和谐、美丽，为建设富强、民主、文明、和谐、美丽的现代化强国贡献力量。

2015 年以来，国家发展和改革委员会会同相关部门和地方在青海、吉林、黑龙江、四川、陕西、甘肃等地开展三江源、东北虎豹、大熊猫、祁连山等 10 个国家公园体制试点，在突出生态保护、统一规范管理、明晰资源权属、创新经营管理、促进社区发展等方面取得了一定经验。同时，我们也要看到，建立统一、规范、高效的中国特色国家公园体制绝不是敲锣打鼓就可以实现的，不可能一蹴而就，必须通过不断深化研究、总结试点经验来逐步优化完善，在统一规范管理、建立财政保障、明确产权归属、完善法律制度等管理体制上取得实质性突破，在标准规范、规划管理、特许经营、社区发展、人才保障、公众参与、监督管理、交流合作等运行机制上进行大胆创新，把中国国家公园体制的"四梁八柱"建立起来，补齐制度"短板"。

为此，国家发展和改革委员会会同保尔森基金会和河仁慈善基金会组织清华大学、北京大学、中国人民大学、武汉大学等著名高校以及中国科学院、中国国土资源经济研究院等科研院所的一批知名专家，针对国家公园治理体系、国家公园立法、国家公园自然资源管理体制、国家公园规划、国家公园空间布局、国家公园生态系统和自然文化遗产保护、国家公园事权划分和资金机制、国家公园特许经营以及自然保护管理体制改革方向和路径等课题开展了认真研究。在担任建立国家公园体制试点专家组组长的时候，我认识了其中很多的学者，他们在国家公园相关领域渊博的学识，特别是对自然生态保护的热爱以及对我国生态文明建设的责任感，让我十分钦佩和感动。

此次组织出版的系列丛书也正是上述课题研究的重要成果。这些研究成果，为我们制定总体方案、推进国家公园体制改革提供了重要支撑。当然，这些研究成果的作用还远未充分发挥，有待进一步实现政策转化。

我衷心祝愿在上述成果的支撑和引导下，我国国家公园体制改革将会拥有更加美好的未来，也衷心希望我们所有人秉持对自然和历史的敬畏，合力推进国家公园体制建设，保护和利用好大自然留给我们的宝贵遗产，并完好无损地留给我们的子孙后代！

朱之鑫

原中央财经领导小组办公室主任
国家发展和改革委员会原副主任

序　言

　　经过近半个世纪的快速发展，中国一跃成为全球第二大经济体。但是，这一举世瞩目的成就也付出了高昂的资源和环境代价：野生动植物栖息地破碎化、生物多样性锐减、生态系统服务和功能退化、环境污染严重。经济发展的资源环境约束不断趋紧，制约着中国经济社会的可持续发展。如何有效地保护好中国最具代表性和最重要的生态系统与生物多样性，为中华民族的子孙后代留下这些宝贵的自然遗产成为亟须应对的严峻挑战。引入国际上广为接受并证明行之有效的国家公园理念，改革整合约占中国国土面积20%的各类自然保护地，在统一、规范和高效的原则指导下构建以国家公园为主体的自然保护地体系是中共十八届三中全会提出的应对这一挑战的重要决定。

　　国家公园是人类社会保护珍贵的自然和文化遗产的智慧方式之一。自1872年全球第一个国家公园在壮美蛮荒的美国黄石地区建立以来，在面临平衡资源保护与可持续利用的百般考验和千般淬炼中，国家公园脱颖而出，成为全球最具知名度、影响力和吸引力的自然保护地模式。据不完全统计，五大洲现有国家公园10000多处，构成了全球自然保护地体系最具生命力的一道亮丽风景线，是地球母亲亿万年的杰作——丰富的生物多样性和生态系统以及壮美的地质和天文景观——的庇护所和展示窗口。

　　因为较好地平衡了保护和利用的关系，国家公园巧妙地实现了自然和文化遗产的代际传承。经过一个多世纪的洗礼，国家公园的理念不断演变，内涵日渐丰富，从早期专注自然生态保护到后期兼顾自然与文化遗产保护，到现在演变成兼具资源保护和为人类提供体验自然和陶冶身心等多重功能。同时，国家公园还成为激发爱国热情、培养民族自豪感的最佳场所。国家公园理念在各国的资源保护与管理实践中得以不断扩展、凝练和升华。

　　中国国家公园体制建设既需要与国际接轨，又应符合中国国情。2015年，在国家公园体制建设工作启动伊始，保尔森基金会与国家发展和改革委员会就国家公园体制建设签订了合作框架协议，旨在通过中美双方合作开展各类研究与交流活动，科学、有序、高效地推进中国的国家公园体制建设，提升和完善中国的自然保护地体系，实现自然生态系统和文化遗产的有效保护和合理利用。在过去约 3 年的时间里，在河仁慈善基金会的慷慨资助下，双方共同委托国内外知名专家和研究团队，就中国国家公园体制建设顶层设计涉及的十几个重要领域开展了系统、深入的研究，包括国际案例、建设指南、空间规划、治理体系、立法、规划编制、自然资源管理体制、财政事权划分与资金机制、特许经营机制、自然保护管理体制改革方向和路径研究等，为中国国家公园体制建设奠定了良好的基础。

　　来自美国环球公园协会、国务院发展研究中心、清华大学、北京大学、同济大学、中国科学院生态环境研究中心、西南大学等 14 家研究机构和单位的百余名学者和研究人员完成了 16 个研究项目。现将这些研究报告集结成书，以飨众多关心和关注中国国家公园体制建设的读者，并希望对中国国家公园体制建设的各级决策者、基层实践者和其他参与者有所帮助。

　　作为世界上最大的两个经济体，中美两国共同肩负着保护人类家园——地球的神圣使命。美国在过去 140 年里积累的经验和教训可以为中国国家公园体制建设提供借鉴。我们衷心希望中美在国家公园建设和管理方面的交流与合作有助于增进两国政府间的互信和人民之间的友谊。

　　借此机会，我们对所有合作伙伴和参与研究项目的专家们致以诚挚的感谢！特别要感谢国家发展和改革委员会原副主任朱之鑫先生和保尔森基金会主席保尔森先生对合作项目的大力支持和指导，感谢河仁慈善基金会曹德旺先生的慷慨资助和曹德淦理事长对项目的悉心指导。我们期待着继续携手中美合作伙伴为中国的国家公园体制建设添砖加瓦，使国家公园成为展示美丽中国的最佳窗口。

彭福伟　　　　　　　　　　　　　牛红卫

国家发展和改革委员会　　　　　　保尔森基金会

社会发展司副司长　　　　　　　　环保总监

作者序

　　2018 年初春，最受自然保护工作者关注的事情，莫过于国务院机构改革方案中涉及的自然资源部和生态环境部的组建。多年来，面对自然保护管理体制存在的弊端，一直有不少关于机构改革的讨论甚至激辩。这次机构改革方案的最终出台，应该是为之前的讨论做了一个总结。作者有幸参与到这场讨论之中，并做了力所能及的贡献。本书是这一参与的产物，也是这一参与的见证。

　　缘起于 2017 年年初，受河仁慈善基金会、保尔森基金会和国家发展和改革委员会的共同委托，作者及其团队承担了"自然保护管理体制改革方向和路径研究"的课题，并于 2017 年下半年将成果以研究报告的形式提交国家发展改革委。这是国家发展改革委设立的一系列课题中的一个，该系列课题旨在研究国家公园体制建设的方方面面。作者承担的课题是其中比较特殊的一个，关注的内容不局限于国家公园，而是范围更广的自然保护。这给了作者一个很好的机会，来系统地梳理我国自然保护管理体制，并从产权和公共管理的角度提出改革方向和路径，本书记录了作者在此过程中的思考和研究成果。

　　对比本次国务院机构改革方案，大体上与本研究之前所提建议是一致的，详见本书的"主要政策建议"部分。新组建的自然资源部，总体上解决了以下几个问题：从产权角度，将全民自然资源产权所有者的代行机构从原来的国务院，下放到主管部门，缩短了委托代理链，将提高管理效率；从生态系统完整性方面，将"山水林田湖草"作为整体来保护；从机构设置方面，做到了决策者（自然资源部）和执行者（林业和草原局）分离、执行者和监督者（生态环境部）分离。

　　但是任何一种制度都不可能是十全十美的。作者认为在目前新的管理制度下，自然保护可能存在以下五方面的挑战：①自然资源部同时管理公益性自然资源（如各类保护地）及经营性自然资源（如矿产），在管理体制上需要区别对待。公益性自然资源应当以资源的储存和保护为管理原则，通常以政府为供给主体，通过公共财政的方式进行管理，不可以资产化经营；而经营性自然资源则强调其资产性，需要通过市场机制，才能达到有效利用和配置。②资源的多重属性决定了同一资源往往同时具有经营性和公益性两重功能,比如草原的畜牧业经营性功能和生态屏障的公益性功能,两者是互为因果不可分割的。一个健康的草原生态系统离不开适当的牲畜采食,反之亦然。这涉及新组建的林业草原局如何与其他相关部门如农业农村部的协调、制衡。③对于草原和森林等这类公益性自然资源,多数属于集体所有,强调作为"全民自然资源资产所有者"代理机构的自然资源部,如何管理集体所有的自然资源,是未来需要思考的问题。④对于新组建的林业草原局,其主要权责是管理各级各类保护地,这涉及中央与地方的权责划分,哪些需要中央直管、哪些需要中央与属地管理相结合?另外,国家公园属于保护地的一类,国家林业草原局下加挂国家公园管理局,会无端增加行政管理成本。⑤公益性全民性自然资源收益在中央与地方之间的分配问题。

　　　北京大学环境管理系的博士生李焕宏,硕士生金瑛、汪若宇和张晓东深度参与了本课题的研究,做出了重要的贡献。UNESCO MAB 秘书长韩群力先生、北京大学吕植教授、山水自然保护中心青海项目负责人赵翔先生、原林业局野生动植物保护司副司长陈建伟先生、三江源国家公园管理局办公室副主任李红福先生、国务院发展研究中心苏杨研究员(按照访谈的时间顺序)在百忙中接受了我们的访谈。实地调研的三个试点国家公园(普达措、钱江源、武夷山)的管理人员、所在地的相关职能部门以及社区居民都非常慷慨地接受了我们的访谈。实地调研过程中得到中国 MAB 国家委员会陈向军及专家委员王方辰的帮助。在研究成果初步成型后,郑易生、张晓、王晓毅、崔国发、万旭生、梅凤乔、王蕾、闻丞等专家受邀参与了我们的专家座谈会,给出了极为宝贵的建议。韩念勇就报告初稿给出了深刻的评论。在初步政策方案形成后,中国环境科学研究院环境生态研究所的朱彦鹏、原环境保护部的房志、原国土资源部的姚霖、原国家林业局的陈君帜、水利部的王晶、原农业部的李兵、中国 MAB 国家委员会马雪蓉等政府部门工作人员应邀参加了讨论,从实践的角度给出富有建设性的建议。最后,特别感谢保尔森基金会的项目官员于广志博士,她对本研究的报告逐字逐句提出了认真的修改建议。在此,对所有帮助我们的人表示衷心的感谢。当然,如有错误或不妥之处,与上述人员无关。

李文军　徐建华　芦　玉

北京大学　环境管理系

目　录

第 1 章　我国自然保护管理体制研究：概念和框架 1

  1.1　关键概念 1

    1.1.1　自然资源和自然保护 1

    1.1.2　保护地及其公共物品属性 1

  1.2　一些认识误区和相关理论辨析 4

    1.2.1　自然资源与自然资产的区别 4

    1.2.2　公益性和经营性自然资源的区别 4

    1.2.3　公益性自然资源的全民所有权性质 6

  1.3　自然保护管理体制改革目标、主要政策依据及原则 11

    1.3.1　管理体制的界定 11

    1.3.2　改革目标 11

    1.3.3　主要政策依据 12

    1.3.4　自然保护制度设计的几个原则 12

  1.4　研究思路和制度设计框架 13

    1.4.1　总体研究思路 13

    1.4.2　保护地管理模式设计框架 13

第 2 章　我国自然保护管理体制现状及问题 16

  2.1　我国保护地管理体制的变迁 16

    2.1.1　自然保护区 16

    2.1.2　风景名胜区 19

    2.1.3　森林公园 21

2.1.4 地质公园 23

2.1.5 水利风景区 24

2.1.6 湿地公园 26

2.2 我国自然保护管理体制现状 28

2.2.1 自然保护管理总体现状 28

2.2.2 保护地体制管理现状 29

2.3 我国自然保护管理体制存在的问题 31

2.3.1 资源分部门管理与生态系统完整性间的矛盾 31

2.3.2 中央和地方权责利划分不清 32

2.3.3 保护工作在各主管部门的地位较弱 32

2.3.4 对自然资源管理部门的监督不到位 33

第3章 国家公园体制改革试点案例 34

3.1 三江源国家公园体制试点 34

3.1.1 基本情况 34

3.1.2 管理体制 35

3.1.3 试点对现有问题的改进程度 38

3.1.4 试点带来的新问题 38

3.2 普达措国家公园 39

3.2.1 基本情况 39

3.2.2 管理体制 40

3.2.3 试点对现有问题的改进程度 42

3.2.4 试点带来的新问题 43

3.3 钱江源国家公园 43

3.3.1 基本情况 43

3.3.2 管理体制 44

3.3.3 试点对现有问题的改进程度 45

3.3.4 试点带来的新问题 46

3.4 武夷山国家公园 46

3.4.1 基本情况 47

　　　　3.4.2　管理体制 47

　　　　3.4.3　试点对现有问题的改进程度 49

　　　　3.4.4　试点带来的新问题 49

第 4 章　美国保护地经验介绍 51

　　4.1　美国保护地的概述 51

　　　　4.1.1　美国保护地政策的发展 51

　　　　4.1.2　当下各类保护地体系 52

　　4.2　保护地的土地权属 55

　　4.3　美国的保护地管理体制 55

　　　　4.3.1　管理机构设置及其职责 55

　　　　4.3.2　人事任命 62

　　　　4.3.3　土地产权 64

　　　　4.3.4　财政收支 67

　　4.4　美国保护地管理经验对中国的借鉴 69

　　　　4.4.1　美国保护地管理的利弊及借鉴 69

　　　　4.4.2　加强部门合作 70

第 5 章　我国自然保护管理体制改革方向和路径分析 72

　　5.1　大部制的管理体制（方案Ⅰ）及相应的保护地管理模式设计 72

　　　　5.1.1　主管部门中央直管 74

　　　　5.1.2　以主管部门为主的跨部门中央直管 84

　　　　5.1.3　主管部门中央与属地管理相结合 87

　　　　5.1.4　以主管部门为主的跨部门中央与属地管理相结合 89

　　　　5.1.5　保护地各管理模式改革预期成本比较和分析 91

　　5.2　建立自然资源与生态保护独立部门（方案Ⅱ） 92

　　5.3　不同保护地管理模式在试点案例的应用 104

　　5.4　自然保护总体管理体制：方案Ⅰ与方案Ⅱ的比较分析 104

　　　　5.4.1　对现有问题改进程度的比较和分析 104

　　　　5.4.2　预期成本比较和分析 105

第 6 章　主要研究结论及建议 108

　　6.1　主要研究结论 108

　　　　6.1.1　中国自然保护总体管理体制 108

　　　　6.1.2　保护地管理模式 109

　　6.2　主要政策改革建议 110

　　　　6.2.1　中国自然保护总体管理体制改革的建议 110

　　　　6.2.2　改进保护地管理模式的原则性建议 111

参考文献 113

声明 115

第 1 章 我国自然保护管理体制研究：概念和框架

1.1 关键概念

在讨论自然保护管理体制时，我们首先需要厘清一些基本概念。在自然保护领域，很多概念都是可大可小，在不同的语境会被赋予不同的内涵和外延。对概念的清楚辨析是讨论相关议题的前提。

1.1.1 自然资源和自然保护

自然资源指天然存在的、未经人类加工的、在现有认知水平下具有利用价值的自然物，如阳光、空气、水、土地、矿藏、动植物等。按照物品属性，自然资源分为经营性自然资源和公益性自然资源两类。经营性自然资源包括矿产资源、农业用地、建设用地、经济林等，该类资源可转化为经济系统的资产；公益性自然资源包括自然保护区在内的各类保护地、生态公益林等，该类资源被严格禁止或限制利用。

自然保护是指对国土空间上的可以被用来提供公共物品和服务的各种具有公益性的自然资源和生态系统的管理。这里的自然生态系统是指在一定时空范围内，依靠自然调节能力维持在相对稳定状态的生态系统，如森林生态系统、草原生态系统等。自然保护的政策工具有很多，划定各种类型的保护地是重要的也是常见的工具之一。

1.1.2 保护地及其公共物品属性

保护地是指为了特定自然保护目的，依法划出一定面积予以保护的区域。我们参考了欧阳志云《国家公园体系总体空间布局研究》对我国保护地的分类和朱彦鹏等（2017）对我国保护地体系分类的建议，按照保护价值及拟受保护的严格程度，将我国现有的保护地分为三类：自然保护区、拟建的国家公园，以及其他（包括风景名胜区、森林公园、地质公园等除了自然保护区和国家公园之外的其余所有的保护地类型）。其中自然保护区是保护地中保护价值最高和保护程度最严格的，需要根据国家生态安全的总体空间布局，制定相关标准，对现有保护区重新甄别；对部分目前的自然保护区、风景名胜区、森林公园等具有原真性、完整性的生态系统和自然文化遗产的保护地进行功能重组，组建或扩建成为国家公园，或在符合标准的区域新建国家公园；未划入自然保护区和国家公园的保护地仍然保持原有的类型，在本书中为"其他"类。

采用萨缪尔森和诺德豪斯（1992）提出的，从消费是否具有排他性和竞争性两方面，对物品进行分类（图 1-1）。竞争性是指一个人的消费会减少其他人消费的数量；排他性指排除潜在使用者的可能性。从这个意义上，保护地属于准公共物品。图 1-1 右上角的物品兼具消费的竞争性和排他性，是纯私人物品。如面包，我多吃一口意味着你就少一口，即消费具有竞争性，同时我可以拒绝你吃我的面包，即具有排他性。私人物品不在本研究的讨论范围内。

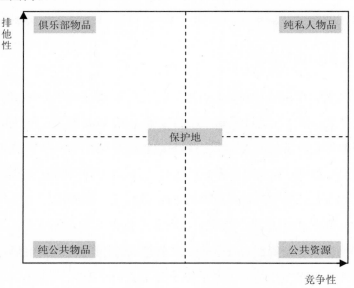

图 1-1　保护地的公共物品属性

图 1-1 左下角的物品不具有消费的竞争性和排他性，是纯公共物品。如空气，我多吸一口并不会影响你吸入空气的数量；同时，没有人可以阻止你吸入空气。显然，保护地所提供的气候调节、水土保持以及生物多样性保护等生态服务功能，属于纯公共物品和服务。对于纯公共物品及服务，由于其具非排他性，无法通过市场有效供给，需要政

府通过公共财政来进行供给。

图 1-1 左上角的物品在一定阈值范围内在消费上不具有竞争性，但是具有排他性，是俱乐部物品，也有学者形象地将其称为拥挤物品，比如道路发生拥挤时，才具有消费的竞争性。俱乐部物品是准公共物品。收费的风景区、城市供水、供电、收费的高速公路等都属于这类物品。显然，保护地的游憩功能，属于俱乐部物品和服务。按照布坎南（Buchanan，1965）的俱乐部物品理论，该类物品通常采用政府主导下的市场供给。即这类准公共物品的市场供给并不能完全脱离政府，政府需要在宏观上发挥其作用，同时在定价、供给质量监督等方面履行职责。另外，对于具有高成本、非营利性的准公共物品的市场供给，政府有必要给供给商提供一定的补贴或其他鼓励性的奖励。

图 1-1 右下角的物品在超过一定阈值时具有消费的竞争性，但是不具有排他性或者排他成本很高，是公共资源。公共资源属于准公共物品。海洋、河流、公共渔场、公共牧场等都属于公共资源。如果没有很好的管理制度，对该类资源的利用会出现哈丁（Hardin，1968）的"公地悲剧"。哈丁从明晰产权的角度，提出解决公地悲剧的两种方案：或者国有（如国家公园），或者私有（如牧场）。国有产权下，实行政府供给的模式；私有产权下，通过市场供给。在这两种方案之外，制度学者奥斯特罗姆（Ostrom，1990）提出第三条路，认为社区共有的产权（她将其称为公共池塘资源），在一定的条件下，可以更有效地供给该类准公共物品。凭借该理论，奥斯特罗姆获得 2008 年诺贝尔经济学奖。奥斯特罗姆的公共池塘资源理论，为社区管理和参与自然保护提供了理论依据。我国保护地中的集体土地（主要是提供经济功能），尤其是在少数民族地区的传统社区，均可发现依然存在的较成功的社区自我组织、自我管理自然资源的案例。

通过以上分析，从提供不同功能（生态服务功能、游憩功能、经济功能）的角度，保护地同时具有纯公共物品，以及准公共物品（包括俱乐部物品以及公共资源性物品）的属性（以下统称为"公共物品"）。从公共管理理论出发，公共物品以及准公共物品和服务的供给无疑应以政府为主体，这一点到目前为止是无可争议的。同时，由于保护地多样性的功能属性决定了以政府为主体的供给模式的多样性，即保护地管理模式不一定是单纯的政府管理，也不存在唯一的一种完美的保护地管理模式，而应视具体的保护地类型及其主要功能、供给目标和产权安排，结合其游憩功能（俱乐部物品）的市场供给模式和经济功能（集体资源）的社区或第三部门供给模式，确定适合的联合供给模式。

1.2 一些认识误区和相关理论辨析

1.2.1 自然资源与自然资产的区别

资产是经济学的概念。研究经济的学者试图用资产的概念将环境问题纳入经济系统来考虑，解决环境外部性的问题。在经济学领域，环境被视为能够提供多种服务的组合性资产，称为环境资产或自然资产。另一个相关的概念是自然资本，被认为是由诸如土地、森林、水域和野生动植物等环境资产储备构成（Markandya et al.，2001）。然而，经济系统应该是嵌套在生态系统中，而不是相反（Daly，1996）。将一个子系统的概念用于尺度更大、更复杂的生态系统管理是不合逻辑的。对于保护地这类公益性的自然资源，经济学中的资产及资本的概念尤其不适合，原因在于这类资源大多不会产生经济体系中的经济效益，因此难以货币化衡量，这也是目前世界范围内自然资源资产核算及其账户建立所面临的致命性的根本性问题。而将资产、资本的概念引入自然保护，本质上是经济学帝国主义的一种表现。

对某一资源而言，只有能进行经营产生经济效益的资源才能转化为资产、资本（如矿产、经营性建设用地等），否则只能是一种资源，因此并不是所有的资源都能当成资产、资本来管理。例如，保护地是以提供公益性产品为主的自然资源，应该严格禁止或限制其成为资产、资本的经营性使用。因此，在管理上，政府不能按照一般的管理国有经营性资产的思维来管理公益性自然资源。为了避免在管理上误导决策者，对于具有公益性的自然资源，本研究不提倡使用"资产"的概念。2015年的《生态文明体制改革总体方案》，全文将自然资源表述为资产，称为"自然资源资产"，这是不恰当的。

1.2.2 公益性和经营性自然资源的区别

上节在概念上进行了自然资源与自然资产的区别，目的在于进一步讨论保护地这类以提供公益性产品为主的自然资源（公共物品），与一般的经营性自然资源管理模式的区别。

按照前述关于公共物品的分类和讨论，河流、海洋、森林、生物多样性、矿产等多数自然资源属于公共物品。公共物品不同的属性决定了其不同的供给或管理模式。在实际管理中，除了考虑其消费的竞争性、排他性，也要同时考虑社会对于资源的不同功能的需求定位。自然资源通常又分为经营性自然资源（如经营性建设用地、矿产资源、农业生产用地以及经济林木等）和公益性自然资源（如各类保护地、生态用地、生态用水、生态公益林等）。而我国现行法律法规大多没有依照公益性和经营性对自然资源进行合理分类（王凤春，2016）。在《生态文明体制改革总体方案》中，两者也是混淆在一起的，甚至仅强调自然资源的"资产"属性，如上节所述。

　　自然资源功能方面的多重属性决定了多数资源同时兼有经营性和公益性，比如森林、草原等可再生资源。对于这类资源，如果资源使用不超过其再生阈值或在生态系统的承载力范围内，则不影响其公益性功能的发挥。因此，区分经营性资源和公益性资源，除了资源本身的属性，还需要辅以管理目标为考量标准，比如国家宏观层面的功能区划分、生态红线，以及保护地的划定和设立等，本质上都是试图在性质和空间上划定和设立以维护公益性属性为主的自然资源的范围（赵成根，2007）。由于上述资源属性、功能和需求目标不同，对公益性和经营性这两类资源所采用的管理体制也不应该相同。即同样的资源，一旦在空间上界定为以公益性为主的资源属性，比如保护地，则在体制上就要依据公益性自然资源的管理目标来进行管理。对于公益性自然资源，应该采取以政府管理为主体的管理模式，严格禁止和限制经营性利用，并主要考核自然资源、生态服务质量的状况及管理成本等。对于经营性自然资源，主要应当采用市场手段管理和运营，要按照市场规范进行出让、转让和利用，主要考核其资产价值增值和净收益增长状况，对其经营性利用不应施加过多的行政干预，经营机构必须与管理机构的职能严格分开，收益作为国有资产经营收入纳入财政预算。

　　因此，由于资源属性、功能和管理目标不一致，对于公益性和经营性自然资源，不应该采用同样的管理体制，需要针对上述两类资源不同的目的、功能定位及其管理原则，分别建立相应的管理体制。而这一点在目前的相关政策文件中没有明确地进行区分。

　　从公共管理理论层面，提供公共物品和服务的政府部门分为商业部门及非商业部门，后者也称为软部门。经营性资源通常交由商业部门来管理，通过市场提供公共物品和服务，比如交通、资源开采、城市土地开发等；软部门包括环境保护（包括公益性资源的供给）、教育、司法等部门，需要依靠国家预算提供财政支持，通过税收支付所需的费用，韦伯称这种组织为"官僚制组织"。保护地管理部门属于软部门。实践表明，尽管 20 世纪 80 年代后始发于英、美的新公共管理浪潮倡导发挥市场作用、减少缩小政府在公共产品领域的供给作用，官僚制组织依然是软部门实现公共治理的有效机制

（简·莱恩，2004）。

1.2.3　公益性自然资源的全民所有权性质

2015 年《生态文明体制改革总体方案》第七条提出"健全国家自然资源资产管理体制。按照所有者和监管者分开和一件事情由一个部门负责的原则，整合分散的全民所有自然资源资产所有者职责，组建对全民所有的矿藏、水流、森林、山岭、草原、荒地、海域、滩涂等各类自然资源<u>统一行使所有权的机构</u>[①]，负责全民所有自然资源的出让等"，这一条对于解决经营性自然资源（矿藏）"谁控制谁代表、谁代表谁利用、谁利用谁收益"的问题，很有针对性。但是对于公益性自然资源（水流、森林、……）的适用性，则需要斟酌。

讨论全民自然资源所有权的性质及其对资源管理制度设计的影响，需要从理论上厘清一般产权意义上的所有权的权利范围，以及全民所有的产权属性及其权利范围。

1. 所有权权利范围的界定

关于所有权的权利范围的界定，在产权理论和实践中，如果从约翰·洛克在《政府两论》中的"论产权"算起，在过去 300 多年中经历了复杂的变迁。为了更好地理解本书的思路，在这里对于产权理论的发展脉络，尤其是关于所有权理论模型及后续的发展，做一个简单的梳理和介绍。

产权是一个外来语，对应于英文单词 Property。在词典里，该词既具有"财产"的含义，也具有"产权"的含义，即该词同时具有"物"和"权利"两层含义。这与产权理论的发展经历了从强调"物"的所有权模型，到强调"权利"的权利束模型的发展历史有关（Singer，2000）。在中国，中央编译局翻译的《共产党宣言》及《资本论》，则把 Property 译为"所有制"，大约也反映了当时译者受到所有权模型理论的影响。

古典产权理论本质上遵循的是被学界所定义的"所有权模型"，该模型强调个体关于财产的自由的、实际上几乎不受法律限制的权利，包括使用、排他和渡让或处置的权利（Becker，1977）[②]。所有权模型视产权为"物"——包括有形的物品（如土地、动

[①] 下划线为作者所加。

[②] 所有权（ownership）与其所包含的三项权利内容，使用权、渡让权、排他权，并不是对等的逻辑关系，后三者是财产所有者所拥有的产权权利。拥有完整所有权的人具有分离具体权利的权能，分离出的这些权利（如使用权）可以由他人实施，但这些其他人并不拥有这些权利，仅仅得到了所有者让他们实施这些权利的授权。

产），以及无形的东西（如专利、版权和债券等），强调的是产权所有人与物的关系。该模型很直观，反映了产权的"自然权利"观，尤其是对个体的财产安全保障，意义深远。然而，由于该模型没有从根本上反映产权所界定的人与人之间关系的本质，后被学者广为质疑。就如同一个人在一座没有其他人的孤岛上宣称岛上的椰子是他的财产，这没有任何意义。因为只有在人与人发生关系的地方，产权才有意义。

认识到所有权模型的局限性，20 世纪上半叶，Hofeld（1923）提出"权利束"模型。该模型认为，某"物"的不同效用可以被赋予不同的权属，从而形成一组权利束，而这一组权利束中的每一项权利可以分配给不同的个体，并在法律关系上加以界定。权利束模型不再强调产权的"物"的属性，而认为产权本质上是"权利"；同时强调产权本质上是人与人的关系，而不是如表面上的人与物的关系。Macpherson（1978）将产权定义为"产权是……权利，是附着于物或者与物相关的权利"，在这里强调的是"附着于物或者与物相关的权利"，即同时关注"物"与"权利"两方面。权利束模型能够促进某"物"的多重效用在不同个体之间的利用和配置，从而提高经济效益，因此该模型受到经济学家的青睐（Singer，2000），并成为现代产权理论的主流。

需要指出的是，到目前为止，并没有一个标准的、唯一的关于产权概念的界定。Munzer（1990）认为"除非人们能够建立一套描述性的或规范性的规则，来罗列所有者的'物'的种类，否则关于产权的概念界定将永远不会有定论"。Underkuffler（2003）认为"除非我们已经非常明确地知道产权这个概念应该包含哪些特定的权利，否则我们不可能构建一个法律认可的产权概念"。

在习惯法传统中，认为"各种权利的加总就是所有权"。关于所有者权利的最完整的罗列，当属 Honore。Honore（1961）认为所有者的产权应该包括占有权、使用权、经营管理权、获取收入的权利、通过渡让获得资本的权利、财产不受侵犯的权利、可遗传的权利、无期限、禁止对他人造成损害的使用、可履行债务以及剩余权。显然，所有者的产权权利范围是一份复杂的权利清单。正如学者 Underkuffler（2003）所指出的，如果较大的权利能被无限细分为人们之间不同类型的权利和义务，那么所有权这一概念也就没有存在的必要了。这也是为什么现代学者倾向于淡化所有权概念的原因（Grey，1980）。

20 世纪 90 年代后，伴随东欧解体及世界范围内出现的环境问题，曾经一度沉寂的产权研究再一次得到广泛关注。中国的产权研究，大多也是在过去 30 年方始。有学者开始试图跳出罗列产权权利范畴的思路，从产权目的出发，讨论产权的概念。结合具体的问题，通过不同的产权制度目的，来决定产权所涵盖的具体权利范围。

2. 全民所有权的产权性质及政府的角色

从所有者身份的角度，产权主要包括三大类型：私人产权、共有（或集体）产权、公有（全民或国有）产权[①]。从排他性的特征来看，私人产权具有显著的个体之间的对于某"物"的排他性权利；共有（或集体）产权的所有者为一个群组（如一个传统社区）的所有成员，群组作为一个整体对于该群组之外的成员对于某"物"具有排他性权利，但是集体内部成员之间对于该"物"不具有排他性[②]；公有（全民或国有）产权，则比较复杂，因为并不是如字面所示的人人都有对于某"物"的非排他性的权利。

与群组所有的共有产权不同，全民产权并不会赋予每个公民直接使用的权利，即全民产权对于个体的权利具有排他性。虽然理想主义者坚信国家应该是所有公民的国家，但在任何一个现代社会，政治现实从来都是一少部分人被公民委以重任来管理公共财产。因此 Macpherson（1978）认为全民产权本质上是一种公司产权，而公司产权被认为是私人产权的一种扩展。区别在于私人产权的所有者是自然人，而公司产权的所有者是法人。如同公司产权一样，全民产权的所有者是作为法人的国家或政府，来执行法人的权利和义务。

作为法人的政府同时兼具以下几种角色：公共物品的安排者、提供者、购买者和监督仲裁者（Savas，2002）。安排者决定公共物品和服务如何提供、提供多少、何时提供、在哪里提供等，如决定一个国家保护地的数量、面积、空间分布、管理模式等；政府可以由自己的机关或下属企业直接提供公共物品和服务，这时政府自己是提供者；也可以通过招标/投标、外包向私人供应商购买需要向社会供给的物品和服务，政府这时是购买者，比如保护地游憩功能的供给，可以是政府自己的国有企业来经营，也可以通过特许经营的方式外包给私人企业；监督仲裁者的职能，是政府通过制定法律法规等制度，来规范公共物品和服务的提供。

---

① 产权理论上除了这三类，还有一类称为开放性的产权（open access），即没有任何规则的任何人可以随便进入/使用的产权。这类产权在初民社会是存在的，但是在当今社会地球上的任何地方，包括南、北极都有使用公约的时代，开放性产权基本不存在。因此，本书没有将其列为产权的一类。

② 关于共有产权理论，详见 Ostrom, E. 1990. Governing the Commons: the Evolution of Institutions for Collective Action. Cambridge University Press.

3. 公益性自然资源全民所有权的权利范围及权利的行使与职责划分

如前所述，所有权的权利范围视不同的产权制度目的而有不同的界定。对照上述Honore（1961）对于所有权的完整描述，如果落实到保护地这样的全民公益性自然资源的管理，我们定义这一情景下所有权的权利范围为以下 5 种：①占有权，在这里体现为全国保护地数量和面积及总体空间布局、集体土地划定为保护地后的赎买/租赁、后续的保护地范围调整及资源使用性质变更；②管理权，每个保护地的总体管理规划、保护管理工作的执行/执法、监督经营者等；③使用权，资源的经营性使用，比如旅游的开展；④获益权，保护地资源渡让或资源经营性使用（如旅游）所获得的收益及分配[①]；⑤禁止对他人造成损害的使用，这里主要涉及保护地的划定和作为公益性资源的使用对于当地社区原有生活生产的影响，在本书后续表述中称为保证社区发展的权利。

在公共物品和服务的供给和管理中，权利的行使需要落实到具体的权利主体并进行职责的划分。将上述占有权、管理权、使用权、获益权，以及保证社区发展的权利，对照上述作为全民资源产权法人的政府的角色（安排者、提供者、购买者、监督者），落实到自然保护管理机构上，具体权责划分如下：①资源的占有权、获益权由安排者行使，安排者是政府部门的决策机构，本书称为决策者；②资源管理权、使用权以及保障社区发展的权利，由公共物品和服务的提供者行使，提供者是政府部门的执行机构，在本书中称为执行者；③资源的经营使用权可以由管理执行者通过特许经营的方式，外包给政府机构之外的企业或组织经营，在本书中称经营者；④监督者受决策者委托监督管理执行者，制定监督自然资源监测指标、评估环境质量、进行环境灾害预警，并提供应急措施，向公众发布环境质量信息。

决策者、执行者、经营者、监督者之间的关系，决定了管理体制中的机构设置。根据公共部门管理的组织理论，需要遵从以下原则：把决策者和执行者的功能分开，将会提高服务效率（诺曼·弗林，2004），可以水平分离，也可以上下分离；决策者与监督者分离；执行者和资源经营者分离，执行者不直接参与资源的经营收益分配。

在上述分析的基础上，回到本章 1.2.3 节提出的问题，为什么《生态文明体制改革总体方案》中提出"组建对全民所有的矿藏、水流、森林、山岭、草原、荒地、海域、滩涂等各类自然资源<u>统一行使所有权的机构</u>，负责全民所有自然资源的出让等"，其中

---

① 这里的获益权，仅指具有排他性的资源经营性使用的收益。至于保护地提供的优美生态环境、以及气候调节、水土保持、生物多样性等具有外部性的服务，当然是公众具有获益权。

将第一项经营性资源矿藏与后面的各类公益性资源合并在一起，由一个机构代行所有权职能是不合适的。如 1.2.3 节之 2 所述，政府作为国有产权的法人，代行所有权的权利。但是这里的"政府"依然是虚置的，需要有相应的具体的代理机构（具体的政府部门），来履行产权所有者的职能。目前，作为国有自然资源产权所有者的代理机构是国务院，这也是为什么国家级自然保护区的申报、功能区调整等涉及占有权职能的事项，需要由国务院报批。但是国务院作为代行机构直接管理的局限性在于委托代理链过长，导致信息获取、管理成本过高，影响管理效率和效果，这是《生态文明体制改革总体方案》提出"组建对全民所有的……各类自然资源统一行使所有权的机构"的原因。

具体到保护地等全民公益性自然资源，由于所有权可以进一步细分为占有权、管理权、使用权、获益权和保障社区发展的权利，并且每种权利的行使需要落实在不同政府部门（决策者、执行者、监督者），那么与一般民法意义上产权所遇到的情景相同。当所有权细化为具体的、不同类型的权利，并且可以委托给不同机构行使，我们需要明确的是产权所有者的代行机构（以下简称"所有者"）到底还剩下什么权利？具体到自然保护的管理目标，我们认为这里的占有权和获益权应该是作为产权所有者所需要坚守的权利。那么，根据前述不同部门对于行使不同具体权利的职权划分，这里的决策者应该是具体的代行所有权职能的法人机构。

在占有权行使方面，与矿产等经营性自然资源不同，公益性自然资源的属性和管理目标决定了该类资源不存在或很少会出现资源出让/收购、使用性质变更等，如果相关法律已经对其有严格的限制。比如，目前国家级自然保护区的申报、功能区调整等涉及占有权的行使，是由国务院委托原环境保护部组织相关的 7 部委代表及相关领域专家，每年一次集中进行会议审议，并将审议结果上报国务院，最终由国务院批准。因此，与经营性自然资源相比，公益性资源在占有权行使方面的工作量微乎其微。同时，目前的权力行使的实际情况，也是法定权力代理机构（国务院）进一步委托给保护管理决策机构生态环境部。关于所有者行使的另一项权利——获益权，如果从法律层面明确公益性资源的收益分配渠道，以保证其公益属性的前提，这类资源的所有者基本上就没有什么权责了。故而，将公益性资源的所有者和管理决策者（相应的主管部门）合在一起应该不会影响管理目标的有效达成，也会有效降低管理成本。例如，美国，土地管理局、林务署、国家公园管理局、鱼与野生动物署四大机构被同时赋予行使联邦土地所有者的权责，四大联邦机构在国会的约束下，根据不同法律的赋权，对于土地享有不同的收购和处置权①。详见美国保护地经验介绍的章节。

综上所述，矿产等经营性自然资源由于其大量的渡让处置需求，或许需要建立专门的所有权代行机构，类似代行国有企业资产所有权的国资委。但是，公益性自然资源由于对渡让处置的需求不大，或者是一次性的，只要所有者所代行的权利范围明确，并且有独立的监督部门，其所有权行使由管理决策部门代行，应该成为自然保护体制管理改革的一种选择。

1.3　自然保护管理体制改革目标、主要政策依据及原则

1.3.1　管理体制的界定

对于自然资源和生态系统的保护问题是平衡利用和保护的问题，因此从宏观层面而言，对于自然资源和生态系统的管理也应该以平衡利用和保护为指导思想，这种指导思想在我国《生态文明体制改革总体方案》中也有所体现，"……以正确处理人与自然关系为核心，以解决生态环境领域突出问题为导向，……推动形成人与自然和谐发展的现代化建设新格局。"

这里管理的本质是对于人们利用自然资源和生态系统的行为进行规范，以达到资源利用和保护的平衡。体制是指国家的组织和制度，即采用怎样的组织形式以及如何将这些组织形式结合成为一个合理的有机系统，并以怎样的手段、方法来实现管理的任务和目的，包括机构设置、隶属关系、管理权责划分、监督等方面的体系、方法、形式等。

自然保护管理体制是一个庞大的复杂体系，但是以下四个方面是核心：资源权属、权责划分、经费机制、机构及人事任命。在本书中，我们将主要考虑这四个方面，以及这四个方面的权责要素在中央和地方之间、在部门之间的分配。

1.3.2　改革目标

针对目前体制存在的问题，通过分步骤、分阶段的改革，建立完善的国家自然资源

---

① 国家公园署的收购权限最小，主要由国会代购再授权管理，相对而言，土地管理局的收购权限最大。处置权的大小因土地处置目的而定。国家公园署、渔业与野生动物署几乎没有处置权。林务署和土地管理局处置土地较为灵活，可授权采矿、土地出售等。

和生态保护管理体制，保护自然资源和生态系统的原真性和完整性，促进自然资源的可持续利用。

1.3.3　主要政策依据

本书在设计自然保护体制完善方案时，充分考虑了现有政策。

在机构设置方面，依据 2015 年《生态文明体制改革总体方案》中"将分散在各部门的有关用途管制职责，逐步统一到一个部门，统一行使所有国土空间的用途管制职责"和"改革各部门分头设置自然保护区、风景名胜区、文化自然遗产、地质公园、森林公园等的体制"的改革方案，构建国务院下设直属部级/副部级自然保护综合管理机构，按照保护价值及相应的保护严格程度不同对目前的保护地系统进行重新分类，实行分类管理。

在监督管理层面，根据《生态文明体制改革总体方案》中"所有者和监管者分开"的原则，结合自然保护客体公益性的属性，确定监督管理的基本原则。

在经费机制方面，根据 2016 年《国务院关于推进中央与地方财政事权和支出责任划分改革的指导意见》中"谁的财政事权谁承担支出责任"的原则，确定各级政府支出责任，将经费与收益按照"谁的财政事权谁承担支出责任"的原则进行分配。

在资源权属方面，根据《生态文明体制改革总体方案》中"按照不同资源种类和在生态、经济、国防等方面的重要程度，研究实行中央和地方政府分级代理行使所有权职责的体制"和"中央政府主要对石油天然气、贵重稀有矿产资源、重点国有林区、大江大河大湖和跨境河流、生态功能重要的湿地草原、海域滩涂、珍稀野生动植物物种和部分国家公园等直接行使所有权"的原则，划分中央和地方的全民所有权。

在社区发展层面，根据《2015 年建立国家公园体制试点方案》中"试点内容要强调社区发展"的原则，强调国家公园体制要对周边社区的发展进行总体的制度设计。

1.3.4　自然保护制度设计的几个原则

按照资源权属、机构设置、经费机制、人事任命四个方面，本书对于自然保护制度的设计遵循以下几个原则。

（1）自然资源分类管理。按照资源属性、功能和管理目标分类，针对经营性自然资源和公益性自然资源，需要分别建立相应的管理体制，不适合整合在一起管理。不同的自然资源属性和管理目标不同，公益性自然资源和经营性自然资产全民所有者代行身份不应集中在一个机构，即便不考虑管理成本，也无法达到有效管理目标。对于保护地这类公益性的自然资源，按照保护价值的重要程度及拟受保护的严格程度，进行分类分级管理。

（2）在机构权责划分方面，遵循以下几个原则：决策者与监督者分离；决策者和执行者分离，包括水平分离和上下分离；执行者和资源经营者分离；执行者不直接参与资源的经营收益分配。

（3）在经费机制方面，遵循责、权、利匹配的原则，进行央地权责划分。

（4）在人事任命方面，由中央主管部门提名，地方政府组织部门认可。

1.4 研究思路和制度设计框架

1.4.1 总体研究思路

本书总体研究思路如下：

根据上述制度设计原则，在机构设置方面提出我国自然保护管理体制改革方案，重点比较大部制管理和自然保护独立部门管理两类不同的体制方案。

在大部制和独立部门管理这两类管理体制方案下，分别设计保护地管理模式；比较每个模式对现有保护地问题的改进程度以及制度成本。

比较大部制管理和独立部门管理两类体制对于现有问题的改进程度，以及制度成本；提出改革建议（图 1-2）。

1.4.2 保护地管理模式设计框架

在上述总体思路下，结合保护地的具体情况和目前存在的问题，遵循以下原则设计保护地管理模式。

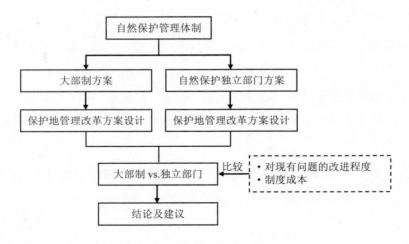

图 1-2　研究思路

（1）保护地的管理模式方案设计包括以下四个方面：资源权属、权责划分、经费机制、机构及人事任命；以及这四个方面的权责要素在中央和地方之间、在部门之间的分配。

（2）保护地分类分级管理。按照保护价值的重要程度及拟受保护的严格程度，将我国现有的保护地分为三类：自然保护区、国家公园及其他（包括风景名胜区森林公园等）。分级管理指根据保护的重要性及地方发展的需求，从管理模式上明确保护地的资源权属、事权、经费收支在中央和地方之间的划分。

（3）资源权属方面，从资源与生态系统的完整性及全民公益性角度出发，国家级保护地的全民资源所有权由中央政府直接行使。

（4）权责划分方面，坚持以下几个原则：决策者与监督者分离；决策者和执行者分离；管理的执行者和资源经营者分离。保护地的管理职责在资源所有者、执行者、经营者、监督者之间的划分如下：资源的所有者从数量上和质量上把握并负责全国保护地总体空间布局、保护地范围调整及资源使用性质变更；执行者负责全国保护地总体规划、法律/法规/条例起草、政策/技术规范制定、保护管理工作的执行/执法、监督经营者、社区发展；经营者承担资源的经营性使用；监督者通过监测、评估、预警，受所有者委托监督资源管理部门。

（5）经费机制包括经费支出和收益分配两方面。经费支出根据 2016 年《国务院关于推进中央与地方财政事权和支出责任划分改革的指导意见》中"谁的财政事权谁承担支出责任"的原则，确定各级政府支出责任。经费的收益分配方面，以体现公益属性为最终目标（低票价、保护收益返还保护），分阶段渐行推进。尤其是，管理执行者不直接参与资源的经营收益分配。

（6）人事任命方面，体现政府对于保护优先的定位，对各国家级保护地的一把手任命，由中央主管部门提名，地方政府组织部门认可。

保护地管理模式设计的框架见表 1-1。综合表 1-1 中纵向两种路径与横向两种路径，最终提供的管理制度模式将有四种：主管部门中央直管（A1+B1）；以主管部门为主的跨部门中央直管（A2+B1）；主管部门中央与属地管理相结合（A1+B2）；以主管部门为主的跨部门中央与属地管理相结合（A2+B2）（图 1-3）。

表 1-1　保护地管理模式改革方案设计

			资源权属	权责划分	经费机制	人事任命
横向关系（不同部门间）	A1	主管部门统一管理				
	A2	以主管部门为主的跨部门管理				
纵向关系（中央与地方）	B1	中央直管				
	B2	中央+属地管理				

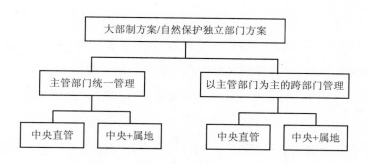

图 1-3　大部制方案和自然保护独立部门方案保护地管理模式

第 2 章　我国自然保护管理体制现状及问题

2.1　我国保护地管理体制的变迁

我国主要的保护地类型包括自然保护区、风景名胜区、森林公园、地质公园、水利风景区、湿地公园等,其中各级自然保护区是生态保护的主体。本小节主要梳理以上六类保护地的形成及管理体制变迁过程。

2.1.1　自然保护区

根据《中华人民共和国自然保护区条例》(国务院令第 167 号),自然保护区指"对有代表性的自然生态系统、珍稀濒危野生动植物物种的天然集中分布区、有特殊意义的自然遗迹等保护对象所在的陆地、陆地水体或者海域,依法划出一定面积予以特殊保护和管理的区域"。

但是最早关于自然保护区的概念所指代的范围并没有这么广。1956 年 9 月,秉志、钱崇澍等科学家在第一届全国人大第三次会议上提出《请政府在全国各省(区)划定天然林禁伐区,保护自然植被以供科学研究的需要》92 号草案。在此基础上,1956 年 10 月,原林业部制定了《关于天然林禁伐区(自然保护区)划定草案》,提出了自然保护区的划定对象、划定办法和划定区域,并在全国 15 个省区划定了 40 多处禁伐区,同年建立了中国第一个自然保护区——广东省鼎湖山自然保护区。可见,当时的自然保护区仅指天然林禁伐区。1958 年,国务院正式批示由原林业部统一管理全国野生动物狩猎工作,将野生动物纳入自然保护区的工作范畴。至"文革"前,原林业部共建立了 19 个自然保护区,保护区总面积 64.9 万公顷。

"文革"期间,中国自然保护区发展出现了停滞现象。在这十年动乱中,中国的自然保护区事业受到了严重的挫伤：新建自然保护区发展停滞，十年间没有新建一个自然保护区；已经建立的自然保护区受到破坏或撤销，管护中断，野生动植物资源遭到严重破坏，如云南西双版纳的大勐笼保护区。

"文革"结束后，中国自然保护区逐渐得到恢复。1972 年，联合国首次人类环境会议在斯德哥尔摩召开，中国也派出了代表团出席会议，共同探讨了有关保护和改善人类环境的现实问题，国内自然保护事业逐渐恢复。同年，中国加入联合国人与生物圈计划，并当选为理事国。1973 年 8 月，国家召开了第一次环境保护工作会议，通过了《自然保护区暂行条例（草案）》。1975 年，我国建立了卧龙、九寨沟等大熊猫自然保护区，并通过了《中华人民共和国宪法》，自此将我国的自然保护事业纳入了法制轨道。1978 年 2 月，中国科学院设立了人与生物圈中国国家委员会，自然保护事业与世界接轨。

改革开放之后，中国自然保护区进入了迅速发展的阶段。1979 年 5 月，林业部、中国科学院、国家科学技术委员会、国家农委、环境保护领导小组、农业部、国家水产总局、地质部联合发出《关于加强自然保护区管理、规划和科学考察工作的通知》，对自然保护区的管理、规划及利用进行了规范。1980 年，长白山、卧龙、鼎湖山 3 个自然保护区加入了世界生物圈保护区网。

在这一阶段，出现了森林、草原、湿地、生物圈、海洋等多种保护区类型并制定了相关的条例和法律对其进行管理。1984 年和 1985 年，全国人民代表大会相继通过了《中华人民共和国森林法》和《中华人民共和国草原法》，确定了国务院林业主管部门和草原行政主管部门分别主管全国林业和草原相关工作。1985 年 7 月经国务院批准，原林业部公布施行了《森林和野生动物类型自然保护区管理办法》。1992 年 1 月，国务院决定加入《关于特别是作为水禽栖息地的国际重要湿地公约》，将湿地保护提上日程。同年 6 月，我国签署了《生物多样性公约》。1995 年，国家科委批准由国家海洋局公布施行《海洋自然保护区管理办法》，国务院确定了国家海洋局对于海洋自然保护区选划和管理的职责。

在自然保护的宏观方面，1987 年，国务院环境委员会颁布了我国在保护自然资源和自然环境方面的纲领性文件《中国自然保护纲要》。1992 年 2 月，国家环保局成立了第一届国家级自然保护区评审委员会，据此国务院建立了国家级自然保护区的申报和审批制度。这一时期，自然保护区得到快速发展，各个省份和地区纷纷建立了不同类型和级别的自然保护区。

1994 年 9 月，国务院颁布了《中华人民共和国自然保护区条例》，第八条明确对自然保护区的管理体制进行了规定："国家对自然保护区实行综合管理与分部门管理相结合的管理体制。国务院环境保护行政主管部门负责全国自然保护区的综合管理。国务院林业、农业、地质矿产、水利、海洋等有关行政主管部门在各自的职责范围内，主管有关的自然保护区。县级以上地方人民政府负责自然保护区管理的部门的设置和职责，由省、自治区、直辖市人民政府根据当地具体情况确定。"

1997 年国家环保局发布了《中国自然保护区发展规划纲要（1996—2010）》，纲要指出"林业、农业、海洋、地矿等资源行政主管部门是自然保护区建设的主要力量，各部门要按照《自然保护区条例》和《森林和野生动物类型自然保护区管理办法》《海洋自然保护区管理办法》等有关部门规章和国务院有关自然资源管理的分工，积极做好本部门的自然保护区建设和管理工作。环保部门应切实加强自然保护区的综合管理。"

2000 年 7 月，国家林业局在兰州召开"加快西部地区自然保护区建设工作座谈会"，在西部地区成立、扩建了多个面积超过 5000 平方千米的大型保护区，包括新疆罗布泊野骆驼、青海三江源、内蒙古根河冷水鱼、西藏札达土林等。2001 年 6 月由国家林业局组织编制的《全国野生动植物保护及自然保护区建设工程总体规划》正式启动。

2003 年以后，我国的自然保护区建设进入了合理规划和抢救性建设的协调发展阶段。2010 年 3 月，人大环资委发布了《中华人民共和国自然遗产保护法（征求意见稿）》，规定了"自然遗产的保护区域是国务院批准设立的国家级自然保护区的核心区和国家级风景名胜区的核心景区"。

2010 年 6 月 12 日，国务院常务会议通过了《全国主体功能区规划》，国家级自然保护区、风景名胜区、森林公园、地质公园和世界文化自然遗产等 1300 多处生态地区被列为禁止开发区。

从自然保护区的概念发展和管理变迁看，中国的自然保护区的概念经历了从狭义的天然林禁伐区到风景名胜区、森林公园、地质公园、湿地公园等多种保护形式的转变，管理体制也从主管的林业部门管理转变为以原环境保护部为综合管理部门，林业、农业、国土资源、水利、海洋、建设等行业部门分类主管的体制。

原环境保护部作为中国自然保护区相关事务的综合管理部门，负责指导和综合协调各种类型的自然保护区工作，拟定国家级自然保护区的制度规范和技术标准，制定国家级自然保护区发展规划，组织国家级自然保护区的评审工作，向国务院提出有关国家级自然保护区的审批建议，监督检查国家级自然保护区政策落实情况，监督建设野生动植物保护、生物多样性保护、湿地环境保护和荒漠化防治等工作的开展；国家发展和改革委员会参与编制生态建设规划，协调我国的生态建设和资源综合利用的工作。林业、农业、国土资源、水利、海洋、建设等部门在原环境保护部的统一协调下负责各自分管的自然保护区建设和管理工作。

在中央政府与地方政府的职权划分方面，《自然保护区条例》中第四条、第七条、第十四条、第十五条、第二十三条和第二十四条均涉及了中央和地方政府的职权划分。主要内容有"国家采取有利于发展自然保护区的经济、技术政策和措施，将自然保护区的发展规划纳入国民经济和社会发展计划""县级以上人民政府应当加强对自然保护区工作的领导""自然保护区的范围和界线由批准建立自然保护区的人民政府确定，并标明区界，予以公告""自然保护区的撤销及其性质、范围、界线的调整或者改变，应当经原批准建立自然保护区的人民政府批准""管理自然保护区所需经费，由自然保护区所在地的县级以上地方人民政府安排。国家对国家级自然保护区的管理，给予适当的资金补助""自然保护区所在的地方公安机关可以根据需要在自然保护区设置公安派出机构，维护自然保护区内的治安秩序"。

2.1.2　风景名胜区

依据国务院 2016 年修订出台的《风景名胜区条例》第二条规定，风景名胜区是指"具有观赏、文化或者科学价值，自然景观、人文景观比较集中，环境优美，可供人们游览或者进行科学、文化活动的区域"。

1978 年，国务院发布了《关于加强城市建设工作的意见》，首次明确了由城市建设主管部门负责管理风景名胜区事业。

1979 年，当时的国家城建总局园林绿化局在杭州召开了全国自然风景名胜区座谈会，首次明确提出了我国自然与文化遗产资源管理的区划名称——风景名胜区。

1981 年，国务院发布了《国务院批转国家城建总局等部门关于加强风景名胜保护管理工作报告的通知》（以下简称《通知》）。《通知》中指出许多重要风景名胜遭到不同程度的破坏，一些风景区的开发建设缺乏统一规划，应尽快"确定风景名胜区的等级和范围"，"建立健全风景名胜区的管理体制和管理机构，实行统一管理"，使我国自然景观和名胜古迹切实得到保护。经过讨论和评定，1982 年国务院批准划定了 44 处风景名胜区，作为第一批国家重点风景名胜区。

1985 年，国务院发布了《风景名胜区管理暂行条例》，确立了我国风景名胜区的法律地位，并规定城乡建设环境保护部主管全国风景名胜区工作，地方各级人民政府城乡建设部门主管本地区的风景名胜区工作。

1995 年国务院发布的《国务院办公厅关于加强风景名胜区保护管理工作的通知》明确提出，建设部要按照《风景名胜区管理暂行条例》规定，进一步加强对全国风景名胜区工作的指导和监督检查，与国务院有关部门密切协作，促进风景名胜区各项工作健康发展。

2000 年 4 月，建设部发布《建设部关于加强风景名胜区规划管理工作的通知》。2001 年 3 月，建设部和国家环境保护总局联合发布《建设部、国家环境保护总局关于国家重点风景名胜区开展创建 ISO 14000 国家示范区活动的通知》，委托中国风景名胜区协会负责该项活动的组织和协调工作，报建设部、国家环境保护总局联合组织专家组验收，国家环境保护总局批准"ISO 14000 国家示范区"，由建设部、国家环境保护总局联合授牌。

2006 年 9 月，国务院发布《风景名胜区条例》，第五条规定"国务院建设主管部门负责全国风景名胜区的监督管理工作。国务院其他有关部门按照国务院规定的职责分工，负责风景名胜区的有关监督管理工作。省、自治区人民政府建设主管部门和直辖市人民政府风景名胜区主管部门，负责本行政区域内风景名胜区的监督管理工作。省、自治区、直辖市人民政府其他有关部门按照规定的职责分工，负责风景名胜区的有关监督管理工作。"2016 年修订版对此并未进行修改，现行的管理体制即是如此。

目前，我国风景名胜区事务主要由住房和城乡建设部城市建设司风景名胜管理处负责，其主要职责是：拟订全国风景名胜区的发展规划、政策并指导实施，负责国家级风景名胜区的审查报批和监督管理，组织审核世界自然遗产的申报，会同文物等有关主管部门审核世界自然与文化双重遗产的申报，会同文物主管部门负责历史文化名城（镇、村）的保护和监督管理工作。

在中央政府与地方政府的职权划分方面，我国目前风景名胜区的主要管理机构有两个：一是住房和城乡建设部的风景名胜管理机构；二是归属地方政府领导的景区管理机构。前者负责景区的业务指导和监督，后者负责景区统一经营管理的具体工作。

由以上梳理可见，从风景名胜区出现开始，一直主要由国务院建设主管部门负责管理。随着国务院建设主管部门的历史沿革，分别经历了由"国家城市建设总局""城乡建设环境保护部""建设部"到现在的"住房和城市建设部"主导的监督管理。

2.1.3　森林公园

依据 1994 年 1 月中华人民共和国林业部令第 3 号颁布的《森林公园管理办法》第二条规定,森林公园指的是"森林景观优美,自然景观和人文景观集中,具有一定规模,可供人们游览、休息或进行科学、文化、教育活动的场所"。

我国的森林公园是在国家林业分类经营思想的指导下,随着林业经营方针的转变,在实施天然林保护、限制或停止木材采伐,林场面临生存压力的条件下产生和发展起来的,其结果是由国有林场的林木生产空间转变为旅游消费空间(罗芬等,2013)。

自 20 世纪 70 年代末至 80 年代初林业部开始酝酿推动森林公园建设工作。1980 年,原林业部发布了《关于风景名胜地区国营林场保护山林和开发旅游事业的通知》。依据该通知,我国开始筹备建设国家森林公园。1981 年 7 月,原林业部提出"开展森林旅游、狩猎,要贯彻'以林为主,多种经营'的方针,本着'积极试点,量力而行'的原则,采取中央和地方合资兴办的形式,进行科学管理,独立核算,自负盈亏。"基于此,1982 年在国营张家界林场的基础上建立了首个国家森林公园——张家界国家森林公园。初期,森林公园建设尚处于摸索时期,影响力较小,人们对森林游憩功能的认识还很欠缺,所以发展速度缓慢,10 年间共建立 34 处国家森林公园。这一阶段中,省市级政府、国有林场、民间资本等涌入林业产业,加快了森林公园的建设步伐,森林公园旅游成为林业产业多种经营、综合利用的一种重要方式。

1992 年,原林业部在大连召开的全国森林公园及森林旅游工作会议标志着现代中国森林旅游产业进入快速发展的上升阶段。这次会议要求"森林环境优美,生物资源丰富,自然景观和人文景观比较集中的国有林场都应建立森林公园"(李柏青等,2009)。同年 7 月,原林业部成立了森林公园管理办公室,专门负责森林公园建设及发展的相关事宜。当年全国就审批建立了 141 处国家森林公园,在全国掀起了森林公园建设高潮,但森林公园的快速发展和过多设立也引起了许多质疑。

1994 年 1 月,森林公园管理办公室为加强森林公园管理,颁布了《森林公园管理办法》,规定了"林业部主管全国森林公园工作,县级以上地方人民政府林业主管部门主管本行政区域内的森林公园工作";同年 12 月,森林公园管理办公室成立了"中国森林风景资源评价委员会",颁布了《中国森林公园风景资源质量评价标准》国家标准;1996 年,发布了《森林公园总体设计规范》;1999 年,森林公园管理办公室发布了《中国森林公园风景资源质量等级评定》(国家标准),规定了我国森林公园风景资源质量等级评定的原则与方法。在这样的一系列规范下，1994 年后森林公园的建设速度逐渐放缓，1994—1999 年年均建立 8 处。

2000 年后，经过将近 20 年的积累，中国国家森林公园批建速度稳步上升，进入成熟阶段。2001 年，国家林业局召开了全国森林公园工作会议，明确了森林公园事业的性质，提出要把森林旅游业真正建设成为中国林业产业中的优势产业和强势产业，极大地推动了森林公园的建设。2002 年，国家林业局发布了《国家林业局关于加强森林风景资源保护和管理工作的通知》。2005 年，国家林业局发布了《国家级森林公园设立、撤销、合并、改变经营范围或者变更隶属关系审批管理办法》。2000—2007 年的 8 年间共批建国家森林公园 351 处，平均每年达到 43 余处，逐渐形成了中国森林公园体系在新的历史件下的新理念、新思路。

通过以上梳理，我国的森林公园管理一直由林业部门负责，为了对其进行更专业、有效的管理，成立了森林公园管理办公室。目前，国有林场由省级林业主管部门负责管理，经营范围内的国有森林资源属于国家所有，国有林场依法进行保护与经营。建立森林公园后，目前有两类管理机构：一是政府机构型，指在国家森林公园内设立相应级别的政府机构，由其直接管理；二是事业单位型，指所在政府机构派出的事业单位管理森林公园。由于森林公园是由林场转变而来，往往实行"两块牌子、一套班子"的管理体制，即混合型管理，是指在国家森林公园内部，以管委会或森林公园管理处为主要执行单位，而外部事务则由当地人民政府或其所属部门进行处理。

在中央政府与地方政府的职权划分方面，国家级森林公园总体规划由省、自治区、直辖市林业主管部门组织专家评审并审核后，报原国家林业局批准。国家级森林公园的建设和经营，应当由国家级森林公园经营管理机构负责；需要与其他单位、个人以合资、合作等方式联合进行的，应当报省级以上人民政府林业主管部门备案。县级以上地方人民政府林业主管部门应当指导本行政区域内的国家级森林公园的经营和管理工作，负责森林风景资源的保护和利用，应当健全监督管理制度，加强对国家级森林公园总体规划、专项规划及其他经营管理活动的监督检查。

"十二五"期间，我国新增森林公园 651 处、新增保护面积 124.02 万公顷。其中，新增国家级森林公园 80 处、新增保护面积 73.4 万公顷；全国森林公园共接待游客 31.1 亿人次，旅游总收入达 2598.54 亿元，年增长率分别为 15% 和 19%，带动社会综合旅游收入达 2.54 万亿元。全国森林公园还投入 253.62 亿元专门用于资源的保护培育和生态建设，共营造风景林 52.09 万公顷，改造林相 87.73 万公顷。目前，中国 48 处世界遗产中有 18 处以森林公园为主体，33 处世界地质公园中有 21 处是森林公园①。

2.1.4 地质公园

1985 年，我国地学界提出建设国家地质公园的设想。1999 年，联合国教科文组织正式提出了"创建具有独特地质特征的地质遗迹全球网络，将重要地质环境作为各地区可持续发展战略不可分割的一部分给予保护"（UNESCO Geoparks Programme，1999）。同年 12 月，我国国土资源部召开了"全国地质地貌景观保护工作会议"，提出围绕"在保护中开发，在开发中保护"的思想建立中国国家地质公园。

2000 年 3 月，国土资源部批准了开展国家地质公园工作的报告。2000 年 8 月国土资源部下发了《关于国家地质遗迹（地质公园）领导小组机构及人员组成的通知》（国土资厅发〔2000〕68 号），正式成立"国家地质遗迹保护（地质公园）领导小组"。同年 9 月，国土资源部发布了《关于申报国家地质公园的通知》（国土资厅发〔2000〕77 号），详细规定了国家地质公园申报、评审、审批等一系列工作的要求，使我国国家地质公园从开始建立就步入规范化的轨道。

2003 年 12 月，联合国教科文组织在北京建立了世界地质公园网络办公室。

2001 年 3 月 16 日，我国正式公布了首批 11 个国家地质公园的名单。2001 年 11 月，国土资源部评选出第二批 33 个国家地质公园。2004 年，国土资源部国资发〔2004〕16 号文件，批复了 41 个第三批国家地质公园。2005 年 9 月，国土资源部批复了 53 个第四批国家地质公园。2009 年 8 月 20 日，国土资源部批复了 44 个第五批国家地质公园。2011 年，国土资源部批复了 36 个第六批国家地质公园。2013 年，国土资源部批复了 22 个第七批国家地质公园。

2009 年，国土资源部发布了《国土资源部关于加强国家地质公园审批工作的通知》，进一步规范了国家地质公园的申报和审批工作。

我国对地质公园实行综合管理和分级管理相结合的制度。国家地质公园由国土资源部地质环境司地质环境保护处负责。县级以上地方人民政府国土资源主管部门主管本行政区域内国家级地质公园的监督管理工作。

在中央政府与地方政府的职权划分方面，国土资源部负责组织编制地质遗迹保护、地热和矿泉水资源开发利用专项规划，并对执行情况进行监督管理；管理国家级古生物化

---

① 中国绿色时报，http://news.sina.com.cn/o/2017-02-07/doc-ifyaexzn9151767.shtml。

石产地、国家地质公园等地质遗迹保护地；地热、矿泉水资源调查评价和开发利用的监督管理；指导全国城市地质、农业地质、旅游地质等环境地质调查评价工作①。国家地质公园规划（以下简称"规划"）由所在地市或县人民政府组织国家地质公园管理机构编制②。

对于地质公园的具体管理机构，目前还没有形成专门的管理体制。有很多地质公园是在原有风景名胜区的基础上建立起来的，其本身又是风景名胜区、自然保护区、森林公园等。在有些地质公园内，还拥有文物、寺庙道观、江河湖泊等资源，因此，在管理上要同时受到国土资源、建设、环保、林业、文化、宗教、水利、海洋等部门的多重领导。总的来说，由国土资源部负责对遗产地进行综合管理，与之相关的其他行政主管部门在各自的职责范围内主管地质公园的相关工作；同时，根据地质公园的级别，接受相应当地政府的领导。

2013年4月19日，国土资源部颁发345号文《国土资源部办公厅关于开展国家地质公园督查监察的通知》，颁布了《国家地质公园建设标准》。

2015年11月16日，国土资源部颁布了《进一步做好国家地质公园建设验收工作的通知》（国土资规〔2015〕8号）提出了《国家地质公园验收标准》，同时废止了《国土资源部办公厅关于国家地质公园建设验收工作的通知》（国土资厅发〔2010〕40号）。

2016年7月，《国家地质公园规划编制技术要求》（国土资发〔2016〕83号），提出《国家地质公园规划编制技术要求》。

截至2017年1月16日，国土资源部已陆续批准命名国家地质公园201处，联合国教科文组织命名世界地质公园33处。在我国，地质公园主要有世界级、国家级、省级、市县级四级。在我国台湾，有的地方还建立了乡村级地质公园。从地理分布来看，全国31个省都有分布，其中西南地区41个，数量较多。

2.1.5　水利风景区

根据《水利风景区管理办法》第三条，水利风景区是指"以水域（水体）或水利工程为依托，具有一定规模和质量的风景资源与环境条件，可以开展观光、娱乐、休闲、度假或科学、文化、教育活动的区域。"

20世纪90年代初，还没有"水利风景区"这样优美的名字，但不少水利工程因其壮观的工程架构及美丽的自然景色，成为人们旅游的好去处。1991年3月22日，国务

① 原国土资源部官网 http://www.mlr.gov.cn/bbgk/jgsz/bnss/dzhjs/201111/t20111121_1029417.htm。
② 国土资发〔2010〕89号《国家地质公园规划编制技术要求》。

院发布了《水库大坝安全管理条例》，其第三条规定："国务院水行政主管部门会同国务院有关主管部门对全国的大坝安全实施监督。县级以上地方人民政府水行政主管部门会同有关主管部门对本行政区域内的大坝安全实施监督。"

1997 年 8 月 31 日，水利部颁布《水利旅游区管理办法（试行）》（水管〔1997〕349 号）（以下简称《办法》），正式出现了"水利旅游区"的说法。在本办法中，将水利旅游区定义为"利用水利部门管理范围内的水域、水工程及水文化景观开展旅游、娱乐、度假或者进行科学、文化、教育活动的场所"。《办法》明确水利部主管全国水利旅游工作，并由水利管理司归口管理。县（含县级市、区）以上水行政主管部门主管本行政区域内的水利旅游工作。跨行政区域或不隶属于本级行政主管部门管理的水利旅游工作由上一级水行政主管部门负责管理。设置水利旅游区管理机构（即水工程管理机构），负责本水利旅游区的开发、建设、经营和管理。

2001 年水利部开始开展水利风景区的评定。2004 年 4 月 20 日水利部批准通过了《水利风景区评价标准》，对水利风景区质量进行科学评价。

2004 年 5 月 10 日，水利部废止了《水利旅游区管理办法（试行）》，颁布规范性文件《水利风景区管理办法》，对水利风景区的设立、规划、建设、管理和保护进行了规范。自此，水利风景区的管理体制逐渐成形。

《水利风景区管理办法》规定水利风景区的管理实行综合管理和分级管理相结合的制度。水利风景区的相关工作主要由水利部负责。县级以上地方人民政府水行政主管部门和流域管理机构主管本行政区域内水利风景区的监督管理工作。水利风景区管理机构（一般为水利工程管理单位或水资源管理单位）在水行政主管部门和流域管理机构统一领导下，负责水利风景区的建设、管理和保护工作。

在中央政府与地方政府的职权划分方面，主要体现在评定和审批两方面。国家级水利风景区，由景区所在市、县人民政府提出水利风景资源调查评价报告、规划纲要和区域范围，报省、自治区、直辖市水行政主管部门或流域管理机构，由其依照《水利风景区评价标准》审核，经水利部水利风景区评审委员会评定后，由水利部公布；省级水利风景区，由景区所在地市、县人民政府依照《水利风景区评价标准》，提出水利风景资源调查评价报告、规划纲要和区域范围，报省、自治区、直辖市水行政主管部门评定公布，并报水利部备案。国家级水利风景区规划由有关市、县人民政府组织编制，经省、自治区、直辖市水行政主管部门或流域管理机构审核，报水利部审定；省级水利风景区规划由有关市、县人民政府组织编制，报省、自治区、直辖市水行政主管部门审定。国家级水利风景区管理机构应当每年向水利部报送规划实施和资源保护情况；省级水利风景区管理机构应当每年向省、自治区、直辖市水行政主管部门报送规划实施和资源保护情况。凡利用水利风景资源开展观光、娱乐、休闲、度假或科学、文化、教育等活动，必须先报请有管辖权的水行政主管部门或流域管理机构批准。

2006 年 5 月 1 日，为统筹兼顾、科学合理地开发利用和保护水利风景资源，水利部颁发《水利旅游项目管理办法》（水综合〔2006〕102 号）。第三条规定："中华人民共和国水利部负责全国水利旅游项目的审批、协调、监督、管理等工作，具体实施机关为水利部水利旅游主管部门。县级以上人民政府水行政主管部门按照行政管理权限负责本行政区域内水利旅游项目的审批、协调、监督、管理等工作。跨行政区域的水利旅游项目由共同的上一级人民政府水行政主管部门负责审批、协调、监督、管理等。水利旅游项目经本级人民政府水行政主管部门审批后，须报上一级人民政府水行政主管部门备案。"

2008 年 3 月 21 日，为保护水资源和水生态环境，保障水工程的安全运行，规范设立水利旅游项目管理，水利部发布《水利旅游项目综合影响评价标准》。

2010 年 4 月 12 日，为了科学、合理地开发、利用和保护水利风景资源，促进人与自然和谐相处，规范水利风景区的规划、建设和管理工作，水利部发布了《水利风景区规划编制导则》。

可见，行业性较强、具备生产功能兼具生态功能的水利风景区，自建立以来一直是由水利部门进行统一监督和管理的。

2.1.6　湿地公园

根据《湿地保护管理规定》，湿地是指"常年或者季节性积水地带、水域和低潮时水深不超过 6 米的海域，包括沼泽湿地、湖泊湿地、河流湿地、滨海湿地等自然湿地，以及重点保护野生动物栖息地或者重点保护野生植物的原生地等人工湿地"。

根据《国家湿地公园管理办法（试行）》，湿地公园是指"以湿地良好生态环境和多样化湿地景观资源为基础，以湿地的科普宣教、湿地功能利用、弘扬湿地文化等为主题，并建有一定规模的旅游休闲设施，可供人们旅游观光、休闲娱乐的生态型主题公园"。

在初期，我国并没有将湿地视作一类重要的保护地类型，直到 1992 年 1 月，国务院决定中国加入《关于特别是作为水禽栖息地的国际重要湿地公约》，我国自然保护部门开始意识到湿地的重要性。

2005 年 2 月，建设部城市建设司颁布了《国家城市湿地公园管理办法（试行）》，第四条规定："国家城市湿地公园的申报，由城市人民正式提出，经省、自治区建设厅审查同意后，报建设部。直辖市由市园林局组织进行审查，经政府同意后，报建设部。"这明确规定了城市湿地公园的申报制度，并确立了建设部主要负监督、管理职责。

2005 年 2 月，杭州西溪湿地公园建成，被国家林业局批准为首个国家湿地公园。2005 年 8 月，国家林业局发布了《关于做好湿地公园发展建设工作的通知》，国务院赋予国家林业局组织和协调全国湿地保护工作的权利。各级林业部门有职责对湿地公园的规划、设计和经营等方面提供指导和服务，加强并逐步规范湿地公园的申报及其检查、监督等管理工作。

根据中央机构编制委员会办公室《关于国家林业局成立湿地保护管理机构的批复》（中央编办复字〔2005〕96 号）、国家林业局《关于成立国家林业局湿地保护管理中心（中华人民共和国国际湿地公约履约办公室）的通知》（林人发〔2005〕176 号）文件，于 2007 年 2 月正式组建了国家林业局湿地保护管理中心，负责湿地保护的相关工作。

2008 年 9 月 3 日，国家林业局湿地研究中心发布了《国家湿地公园建设规范》和《国家湿地公园评估标准》，明确规定了国家湿地公园建设的基本原则、应具备的基本条件及其功能分区和建设内容。

2010 年 2 月 20 日，国家林业局发布了《国家湿地公园管理办法（试行）》。办法第三条规定："国家林业局依照国家有关规定组织实施建立国家湿地公园，并对其进行指导、监督和管理。县级以上地方人民政府林业主管部门负责本辖区内国家湿地公园的指导和监督。"第十二条规定："国家湿地公园所在地县级以上地方人民政府应当设立专门的管理机构，统一负责国家湿地公园的保护管理工作。"

在中央政府与地方政府的职权划分方面，建立国家湿地公园由省级林业主管部门向国家林业局提出申请。对完成国家湿地公园试点建设的，由省级林业主管部门提出申请，国家林业局组织验收。国家湿地公园所在地县级以上地方人民政府应当设立专门的管理机构，统一负责国家湿地公园的保护管理工作。

2013 年 3 月 28 日，国家林业局第 32 号令公布了《湿地保护管理规定》，第四条规定："国家林业局负责全国湿地保护工作的组织、协调、指导和监督，并组织、协调有关国际湿地公约的履约工作。县级以上地方人民政府林业主管部门按照有关规定负责本行政区域内的湿地保护管理工作。"

可见，我国的湿地公园分为林业部门主管的湿地公园和住房与城乡建设部门主管的城市湿地公园两种。然而，这两种湿地公园由于主管部门的不同，其定义、建设要求与条件、主导功能和审批程序等都不尽一致。根据《国家城市湿地公园管理办法（试行）》，城市湿地公园是指"利用纳入城市绿地系统规划的适宜作为公园的天然湿地类型，通过合理的保护利用，形成保护、科普、休闲等功能于一体的公园"。城市湿地公园纳入城市绿地系统规划，因此在保护地部分不对其进行深入讨论，本书所涉及湿地公园仅指代林业部门主管的湿地公园。

2.2　我国自然保护管理体制现状

2.2.1　自然保护管理总体现状

宪法规定我国自然资源和土地资源属于全民所有（国家所有）或者集体所有。"矿藏、水流、森林、山岭、草原、荒地、滩涂等自然资源，都属于国家所有，即全民所有；由法律规定属于集体所有的森林和山岭、草原、荒地、滩涂除外"（宪法第一章第九条）；"城市的土地属于国家所有。农村和城市郊区的土地，除由法律规定属于国家所有的以外，属于集体所有；宅基地和自留地、自留山，也属于集体所有"（宪法第一章第十条）。我国自然资源的国家所有权由国务院代理，自然资源的集体所有权归村集体。

"我国的生态环境行政管理体制，是在自然资源国有和集体所有制框架下，以及计划经济体制和资源开发计划管理体系下建立的，并伴随20世纪70年代以来市场化改革和生态环境问题的恶化，逐步发展形成了现在以政府主导和行政监管为特征的体系，具有以综合部门（原环境保护部）与分级、分部门管理相结合的特征"（中国科学院可持续发展战略研究组，2015）。

分部门管理主要是按照资源类型的不同，由各个不同职能部门承担自然保护的责任。如表2-1所示，目前主要有7个部门担负自然保护的职责，包括国土、林业、农业、水利、海洋、能源以及环保。

表 2-1 不同类型资源的主管部门

资源类型	主管部门	责任
土地资源、矿产资源、海洋资源	原国土资源部	保护与合理利用土地资源、矿产资源、海洋资源等自然资源
海洋、海域、海岛资源	原国家海洋局	保护和合理开发利用海洋、海域、海岛资源
水资源	水利部	保护和合理开发利用水资源
草地资源	原农业部	指导农用地、渔业水域、草原、宜农滩涂、宜农湿地以及农业生物物种资源的保护和管理，负责水生野生动物保护工作
森林资源	原国家林业局	负责森林、湿地、荒漠和陆生野生动植物资源的保护和开发利用
能源资源	国家能源局	负责组织制定煤炭、石油、天然气、水能、生物质能等能源的产业政策和相关标准
多种类型的自然资源	原环境保护部	负责指导、协调、监督各种类型的自然保护区、风景名胜区、森林公园的环境保护工作

纵向关系上，我国的自然保护工作在中央和地方之间实行分级管理。为了在职能上与中央政府对接，省、地、县等各级地方政府参照中央部门，设置了总体上类似的机构，包括国土、农业、水利、林业、海洋、环境保护。根据相关法律，中央和地方在生态环境管理的机构关系上，实行以地方政府为主的双重领导，地方生态环境部门的人事任命、财政预算均由地方政府主导，中央部门对地方部门实行业务指导（中国科学院可持续发展战略研究组，2015）。

为了监督地方政府落实国家法律法规，中央探索建立了一系列自上而下的监督制约机制。一是在流域、林业、环保等领域设置了区域督查机构，负责各自区域内生态环境事务的协调和督查。二是建立考核评价机制，把生态环境保护纳入政绩考核中。

2.2.2 保护地体制管理现状

我国的保护地类型多样，包括自然保护区、风景名胜区、森林公园、湿地公园、地质公园、水利风景区、水源保护区、种质资源保护区、海洋保护区、海洋公园、国家公园（试点）等。拟设立的国家公园应该属于上述保护地的一类。

目前，我国有各类各级保护地 10000 多处，约占国土面积的 20%。自然保护区是最主要的保护地类型，占国土面积的 14.8%；其余的风景名胜区、森林公园、地质公园、湿地公园分别占国土面积的 2.02%、1.92%、1.21%、0.33%。自然保护区分为国家级和地方级，国家级由中央政府批建，地方级由地方政府批建。国家级自然保护区面积占国土面积的 10%，国家级风景名胜区约占国土面积的 1%。

当前，国家公园还处于试点阶段。2015 年开始，国家发改委联合 13 部委在全国开展国家公园体制建设试点，设立了 10 个试点，包括三江源国家公园、大熊猫国家公园、东北虎豹国家公园、湖北神农架国家公园、浙江钱江源国家公园、福建武夷山国家公园、北京长城国家公园、云南香格里拉普达措国家公园和祁连山国家公园。国家公园的建立拟按照"原真性、完整性"的要求，对现有的保护地进行空间整合和体制改革，试点中有涉及自然保护区，也有涉及风景名胜区等现有保护地类型。

我国现有的保护地管理采取综合部门和分部门相结合的方式（表 2-2）。自然保护区以原环境保护部为综合管理部门，林业、农业、国土资源、水利、海洋、建设等部门分类管理；风景名胜区归住房和城乡建设部管理；森林公园、湿地公园、沙漠公园归原国家林业局管理；地质公园归原国土资源部管理；海洋保护区和海洋公园归国家海洋局管理；水产种质资源保护区归原农业部管理；水利风景区归水利部管理。此外，国家发展和改革委员会、科学技术部也有涉及。

表 2-2　不同类型保护地的主管部门

保护地类型	主管部门
自然保护区	以原环境保护部为综合管理部门，林业、农业、国土资源、水利、海洋、建设等部门分类管理
风景名胜区	住房和城乡建设部城市建设司
森林公园	原国家林业局国有林场和林木种苗工作总站森林公园和森林旅游管理处
地质公园	原国土资源部地质环境司地质环境保护处
湿地公园	原国家林业局湿地保护管理中心（中华人民共和国国际湿地公约履约办公室）
水利风景区	水利部景区办
国家级沙漠公园	原国家林业局防治荒漠化管理中心（原国家林业局防沙治沙办公室）
国家级海洋保护区、国家级海洋公园	原国家海洋局生态环境保护司
国家级水产种质资源保护区	原农业部渔业局资源环保处（水生野生动植物保护处）
多种保护地	原环境保护部

我国的保护地在垂直层面实行以属地管理为主的管理体制。当地政府负责人事任命工作，资金来源主要依靠省级财政及地方财政。中央设立自然保护区专项基金，实行项目管理，专项基金不得用于人员经费支出、日常办公设施购置费用支出、办公用房、职工生活用房等楼堂馆所的建设费用支出。

2.3　我国自然保护管理体制存在的问题

　　我国自然保护管理体制存在的问题主要体现在两个层面：一是横向的部门之间的权责安排带来的问题；二是纵向的中央和地方之间的权责安排带来的问题。主要体现在以下几个方面。

2.3.1　资源分部门管理与生态系统完整性间的矛盾

　　按照不同资源类型的分部门管理，与生态系统组分及功能的完整性之间存在矛盾。我国的自然资源和生态保护职能按资源类别分散在国土、林业、水利、农业等部门。这种管理体制尽管有助于根据资源的属性进行专业管理，但是与生态系统的完整性有冲突。一个区域的自然资源往往是重叠或镶嵌分布的，因此其内资源可能出现多个部门在权力分配方面存在交叉的现象。例如，一个草原地区的自然保护区，草原植被由农业部门管理而陆生野生动物则由林业部门管理；一个红树林自然保护区，红树林和鸟类由林业部门管理，水生生物由农业部门管理，其所在区域的海洋生态系统则由海洋部门管理。自然保护区内自然资源的多重属性，常常导致管理权方面的争议，从而导致生态系统管理破碎化。各部门在资源调配权力方面存在差异，如项目资金的投入等，导致管理目标、成效等存有差异。

　　权责交叉还体现在监测方面，例如，农业、水利、林业、环保等部门从各自角度对同一自然资源分别进行监测，监测点位重合，重复建设、资源浪费、数出多门。此外，在规划方面，多个部门分别拟订城乡规划、区域规划、主体功能区规划和土地规划等，而这些规划之间衔接不够，使得一些规划难以真正落地。

　　最后，综合管理部门与行业主管部门的职责分工存在交叉重叠的同时也存在管理体系的衔接真空。以保护区管理为例，作为综合管理部门的环保部门，同时也像其他部门一样分管有自己的保护区，因此难以做到真正意义上的"综合"；在权力方面，综合管理部门由于不参与自然保护区建设和管理经费的安排，因而对具体行政主管部门在管理工作中出现的一些问题缺乏约束力，影响管理工作的成效。

2.3.2　中央和地方权责利划分不清

主要体现在两方面：资源权属以及经费机制。

资源权属方面，我国宪法规定国有自然资源所有权由国务院代理。但是，在实际操作过程中，往往视具体的事项由国务院进一步委托中央或地方政府代行所有权。按照前述公益性自然资源所有权的 5 项权利范围：占有权、管理权、使用权、获益权、保障社区发展的权利，如何在中央和地方之间划分，并没有明确的法律法规。例如，体现占有权的一项职能，全国保护地数量面积及总体空间布局，本应该由中央政府代表所有权机构来负责，但是目前的国家级自然保护区采取的是地方政府申报的方式，反映了中央政府在所有权职能行使上的缺位。另外，在管理权方面，执行的是属地管理模式①，但是并不是所有的资源类型都适合属地管理，如跨行政边界的区域生态保护。

经费机制方面，中央政府未设立专门的财政账户用于自然保护，自然保护资金长期无保障；中央政府应承担的保护支出责任严重低于其匹配的中央事权责任，且支出责任多是以阶段性的项目支出为主（如天然林保护）；地方财政支出中，以保护地为依托的财政收入的管理缺乏约管机制或法定（或政策）限制。我国自然保护资金来源主要依靠省级及地方财政。自然保护区重在保护，而地方政府则重在经济发展，自然保护区与地方经济发展存在矛盾。地方政府由于经费有限，使自然保护区的日常工作经费及建设经费得不到及时和充分的保障，从而会出现管理力量不足、设备落后等问题，严重影响自然保护区日常管理工作的正常开展。中央方面近年来是通过设立专项基金（如自然保护区专项基金）的方式，以实行项目管理的方式对各类保护地进行经费投入，并没有列入财政预算科目。中央层面缺乏正常的经费投入保障机制，这有违于公益性自然资源的全民公益性。在收益分配方面，也没有体现公益性自然资源保护的全民公益性的目标。例如，风景名胜区的高价门票和承包经营收入，往往直接进入地方政府财政，缺乏相应的约束机制和政策限制，其二次分配也缺乏全民公益性质，这也是导致地方政府过度使用资源追求经济利益的主要原因。

2.3.3　保护工作在各主管部门的地位较弱

涉及自然保护的部门，负有综合性的业务职责，含自然资源保护。在缺乏制衡的部

---

① 目前仅 3 个国家级保护区是由中央直属部门原国家林业局直接管理，包括卧龙、白水江、佛坪大熊猫保护区。

门格局下，往往导致"重开发、轻保护"。例如，住房和城乡建设部主要职责是研究拟定城市规划、村镇规划、工程建设、市政公用事业规划等，风景名胜区的管理只占其职责的很小部分。

2.3.4　对自然资源管理部门的监督不到位

我国的行政管理体系本质上是行政发包制，大多数行政管理工作层层发包后由地方实施管理，这种体制理论上采取的是上下监督的模式。自然资源管理部门同时兼具资产管理、行业管理、监督管理等多重职能。由于缺乏水平方向独立部门的监督，在自然资源开发与保护工作中既是"运动员"又是"裁判员"，往往导致片面追求自然资源的经济价值，忽视其生态价值和社会价值，从而造成自然资源的过度开发和生态环境的破坏。

第 3 章　国家公园体制改革试点案例

本章重点剖析四个国家公园体制试点，分别是：三江源国家公园、普达措国家公园、钱江源国家公园和武夷山国家公园。围绕基本情况、管理体制、改革对现有问题的改进程度、改革可能带来的新问题四个层面进行分析。

3.1　三江源国家公园体制试点

基于以往在三江源地区的相关工作基础，北京大学自然保护管理体制改革研究组于 2017 年 3—5 月分别访谈了北京大学保护生物学教授吕植、山水自然保护中心青海项目负责人赵翔和三江源国家公园管理局办公室副主任、高级工程师李红福，对三江源国家公园的体制改革、现存问题等方面进行了深入探讨。

3.1.1　基本情况

三江源地处青藏高原腹地，是长江、黄河、澜沧江的发源地。2015 年 12 月 9 日，中央全面深化改革小组第十九次会议审议通过了《中国三江源国家公园体制试点方案》。2016 年 3 月 5 日，中办国办正式印发《三江源国家公园体制试点方案》，我国首个国家公园体制试点全面展开。2016 年 9 月 26 日，中央编办正式批复成立三江源国家公园管理局。

三江源国家公园的规划以三大江河（长江、黄河和澜沧江）源头的典型代表区域为主构架，优化整合可可西里国家级自然保护区和三江源国家级自然保护区的扎陵湖—鄂陵湖、星星海、索加—曲麻河、果宗木查、昂赛 5 个保护分区，构成了"一园三区"的格局，即长江源、黄河源、澜沧江源 3 个园区。三江源国家公园总面积为 12.31 万平方千米，占三江源地区总面积的 31.2%，涉及青海省果洛藏族自治州玛多县和玉树藏族自治州杂多县、曲麻莱县、治多县的 12 个乡镇共 53 个村。

3.1.2　管理体制

1. 产权制度

根据《三江源国家公园条例（试行）》，三江源国家公园管理局是区域内全民所有自然资源资产的法定所有者和管理者。试点期间，"按照'在一个完整的行政区域统一行使全民所有自然资源资产所有者职责，统一行使所有国土空间用途管制职责'的要求，探索将区域内全民所有的自然资源资产委托三江源国家公园管理局行使所有者权益，统一行使自然资源资产管理和国土空间用途管制"。

国土资源、环境保护、农牧、林业、水利等自然资源管理和保护相关部门依法行使监督者职责，对三江源国家公园的制度和管理标准进行监督。

2. 保护制度

（1）机构及人事任命

为了从体制机制上解决"九龙治水"的问题，三江源国家公园实行集中统一的垂直管理，将青海三江源生态保护和建设办公室与三江源国家级自然保护区管理局进行合并，组建了直属青海省政府的正厅级机构三江源国家公园管理局（图 3-1）。

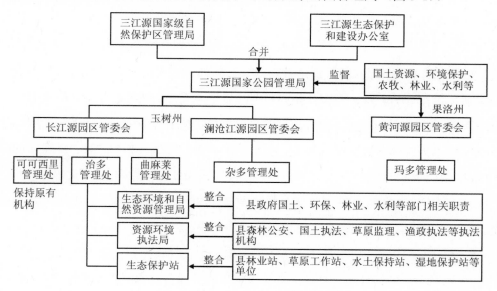

图 3-1　三江源国家公园体制改革机构设置

按"一园三区"布局,在管理局之下,分别设立了长江源、黄河源、澜沧江源三个园区管委会。长江源管理委员会派出治多、曲麻莱和可可西里三个机构:整合治多县、曲麻莱县政府涉及自然资源和生态保护相关部门职责,设立治多管理处、曲麻莱管理处;依托可可西里国家级自然保护区管理局,设立可可西里管理处。同理,分别整合玛多县政府、杂多县政府涉及自然资源和生态保护相关部门职责,分设黄河源园区和澜沧江源园区国家公园管理委员会。试点期间,管理委员会及下设机构受三江源国家公园管理局和所在州政府双重领导,以三江源国家公园管理局管理为主。

可可西里管理处内设机构不变,其他各园区管委会(管理处)下设生态环境和自然资源管理局、资源环境执法局和生态保护站。各园区整合县政府国土、环保、林业、水利等部门的相关职责建立生态环境和自然资源管理局;整合国家公园所在县的森林公安、国土执法、草原监理、渔政执法等执法机构组建资源环境执法局;整合各县林业站、草原工作站、水土保持站、湿地保护站等涉及自然资源和生态保护单位,组建形成生态保护站;国家公园范围内 12 个乡镇政府挂保护管理站牌子。这些下设机构受管委会(管理处)和所属县政府双重领导,以前者为主。

在执法机构方面,将三江源国家级自然保护区森林公安局整体划归至三江源国家公园管理局,并新增 3 个派出所,组建三江源国家公园管理局执法监督处。业务上受青海省森林公安局和三江源国家公园管理局双重领导,以管理局为主。

在人事任命方面,试点期间管理局局长的任命由青海省政府提名,并由青海省人大认可、宣誓任命。副局长由省政府直接任命。三江源国家公园管委会(管理处)负责人受国家公园管理局和地方政府的双重任命,管理局直接任命县委书记担任基层管委会(管理处)的党工委书记,县长担任管委会(管理处)的主任,增加自然保护的相关职责;此外,管理局从县委常委中任命一名副县长作为管委会(管理处)专职副主任,专职副主任受地方政府和国家公园管理局的双重领导,级别与县长、县委书记平级,专门负责协调处理与国家公园相关的事务,并与管理局进行对接。在乡一级,管理局直接任命乡党委书记为管护站的站长,乡长为副站长,明确增加自然保护的相关职责。

三江源国家公园实行领导干部自然资源资产离任审计和生态环境损害责任追究制度。

(2)职责划分

三江源国家公园管理局是区域内全民所有自然资源资产的所有者和管理者,管理局遵循事务全覆盖的原则。

作为区域内全民所有自然资源资产的法定所有者，管理局负责三江源国家公园自然资源资产处置和国土空间用途管制。

作为全民所有自然资源资产的管理者，管理局负责组织起草三江源国家公园和三江源国家级自然保护区的有关法规和规章草案、保护规划、建设标准和资金管理政策，并负责批准后的监督执行；负责三江源国家公园和三江源国家级自然保护区基础设施和公共服务设施的建设、管理和维护；负责三江源国家公园特许经营、社会参与和宣传推介的管理；负责组织开展三江源国家公园和三江源国家级自然保护区科研和生态监测评估工作；负责建立生态保护与建设引导机制和考核评价体系。三江源国家级自然保护区未纳入国家公园范围的区域，也由三江源国家公园管理局按照现行国家级自然保护区管理体制和规定加强保护管理。

在与地方政府的权责划分方面，三江源国家公园管理局负责综合规划、综合管理和综合执法。属地县政府行使辖区（包括国家公园）内经济社会发展综合协调、公共服务、社会管理和市场监管等职责，配合国家公园管理局做好园区内生态保护、基础设施建设和园区内其他建设任务，统筹好园区内外生态保护和经济社会发展。

3. 资金政策

三江源国家公园将建立以财政投入为主，社会积极参与的资金筹措保障机制。三江源国家公园属中央事权，园区建设、管理和运行等所需资金要逐步纳入中央财政支出范围。试点期间，由青海省财政代筹。

2016 年，青海省安排资金 1.4 亿元用于三江源国家公园展陈、卫星网络、巡护交通工具、野外巡护装备、生态大数据中心、自然资源本底调查、技术标准体系建设和全员培训等项目。2017 年投资 10 亿元专项资金，重点实施标志性建筑、保护站标准化、森林公安派出所、巡护道路、生态监测、综合服务中心等必需的基础设施项目。

4. 社区发展

试点期间，将生态保护与精准脱贫相结合，按照区内牧民"户均一岗"设置生态管护公益岗位，负责对园区内的湿地、河源水源地、林地、草地、野生动物进行日常巡护，开展法律法规和政策宣传，发现报告并制止生态破坏行为，监督执行禁牧和草畜平衡情况。

按照精准脱贫的原则，先从园区建档立卡贫困户入手。目前共有 9975 名生态管护员持证上岗，按月发放报酬，年终进行考核，实行动态管理。

3.1.3　试点对现有问题的改进程度

1．理顺管理体制

从管理体制看，三江源国家公园体制试点通过创新体制机制，解决了三江源生态保护管理"九龙治水"的痼疾，构建了"归属清晰、权责明确、监管有效"的生态保护管理体制。

2．加强巡护执法

成立了专门的执法队伍，针对环境保护部监测的 200 多个点，逐个排查，坚持高强度严格的保护。进一步加大执法监督工作力度，完成了专项打击行动、巡护执法、案件侦办、维护稳定、森林草原防火等工作。

3．健全相关规范及标准体系

现行各类规范和标准体系不能全面满足三江源国家公园的建设和管理需求，同时部分规范标准之间缺乏系统性、完整性及协调性，甚至存在矛盾和冲突。2017 年 6 月，中国首个国家公园体制试点《三江源国家公园条例（试行）》正式出台，为三江源国家公园建设提供法律保障，从体制机制上理顺了三江源国家公园的建设和管理。此外，2018年将编制完成《三江源国家公园总体规划》，充分采纳各界意见，确保其体现国家形象、国家意志、国家战略和国家行动。

3.1.4　试点带来的新问题

1．自然资源权属不清

三江源国家公园园区内的土地权属并非全部"国有"，而是存在大量的集体土地。对于如何处理这部分集体土地（收购、租赁或其他方式），目前还没有明确的方法。

2．园区范围确定存在争议

三江源国家公园整体空间规划缺乏合理性。首先，资源禀赋最高的地区和真正的黄河源头并未划进国家公园范围。其次,空间安排缺乏整体完整性和连通性考虑,保护区现有 18 个分区仅仅划进了 5 个。此外,园区面积调整缺乏退出和进入机制,无"据"可循。

3. 权责不明晰

三江源国家公园管理局"三定"方案尚未下达,机构运行还不十分顺畅。此外,试点期间,三江源国家公园管理局对应着中央多个部委,对接难度大,成本高(据 2018 年国务院提出的机构改革方案,自然资源部的组建有望解决该问题)。

4. 人才匮乏

人才短缺是三江源国家公园建设的最大短板之一,特别是专业技术人员十分匮乏,需要进一步加大人力资源建设力度。

5. 公益岗位效果难达目标

三江源地区整体搬迁率高,平均达到 50%~60%,高的地方甚至达到 80%。在高城镇化率的背景下,一户一岗的生态管护员的设置形同虚设,完全沦为民生扶贫工程。一户一岗,一方面提高了保护成本;另一方面大量资金的进入,对原本良好的人与人、人与自然的关系产生挤出效应,对原本良好的自然保护可能会产生负面激励。

3.2 普达措国家公园

北京大学自然保护管理体制改革研究组于 2017 年 3 月 26—29 日前往云南省迪庆藏族自治州香格里拉县普达措国家公园开展调研。本次调研访谈涉及的利益相关方有:云南省林业厅、迪庆藏族自治州国家公园管理局、碧塔海自然保护区管理所、迪庆州旅游集团有限公司普达措旅业分公司和社区村民。

3.2.1 基本情况

2005 年 11 月,云南省重新整合、规划和建设原碧塔海景区、属都湖景区等片区,正式成立了普达措国家公园,于 2006 年 8 月 1 日起正式对外开放。普达措国家公园是中国大陆地区第一个以"国家公园"命名的保护地。普达措国家公园位于云南省西北部

"三江并流"世界自然遗产的中心地带，由国际重要湿地碧塔海自然保护区和"三江并流"世界自然遗产红山片区之属都湖景区两部分构成，总面积约 300 平方千米。

3.2.2　管理体制

对普达措国家公园管理体制的分析主要分为产权制度、保护制度和使用制度三个方面。

1. 产权制度

在普达措国家公园内，国有土地占比 77%，集体土地占比 23%。普达措国家公园建立后，碧塔海约有 40% 的山林属社区所有，山林的权属虽然归村民所有，但是生态补偿政策禁止在普达措国家公园内部砍伐树木，极大地约束和限制了这些山林的使用（白帆等，2011）。

普达措国家公园管理局是资源的管理者；普达措旅业分公司是资源的经营者，负责门票的收益和社区反哺现金的发放；国土资源、环境保护、农牧、林业、水利等自然资源管理和保护相关部门监督国家公园管理局的保护执行情况，普达措国家公园管理局监督普达措旅业分公司的社区反哺情况。

2. 保护制度

（1）机构及人事任命（图 3-2）

云南省林业厅是普达措国家公园试点的牵头部门。2009 年，云南省政府成立了由多个部门组成的国家公园专家委员会，办公室设在省林业厅。

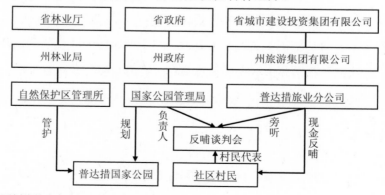

注：标注下划线的为本次调研涉及的访谈对象。

图 3-2　普达措国家公园利益相关方示意图

香格里拉普达措国家公园管理局于 2006 年经迪庆州政府批准成立。普达措国家公园管理局是普达措国家公园的行政归属单位，是迪庆州政府所属正处级参公管理事业单位，下设办公室、规划建设科、保护管理科、经营管理科、计划财务科等科室。

碧塔海自然保护区成立于 1981 年。1984 年经云南省人民政府批准晋升为省级自然保护区，并成立了碧塔海自然保护区管理所。碧塔海自然保护区正式在编人员总计 18 人，另聘有无编制名额的管护人员 12 人。碧塔海自然保护区下设 4 个管护站，配有管护人员开展工作。

迪庆州旅游集团有限公司普达措旅业分公司是隶属于迪庆州旅游集团有限公司的一个分公司。2013 年 5 月，云南省城市投资建设集团有限公司入股迪庆州旅游投资集团，迪庆州旅游投资集团正式更名为迪庆州旅游集团，云南省城市建设投资集团有限公司持股 51%，州政府持股 49%。此举降低了迪庆州旅游投资集团的负债率。云南省城市建设投资集团有限公司的大股东是云南省人民政府国有资产监督管理委员会，出资比例占 96.21%。2013 年，云南省城市投资建设集团连续 3 年共投入 12 亿元，成为迪庆州旅游集团的重要战略合作伙伴。目前，迪庆州旅游集团在准备上市的工作。

人事权方面，普达措国家公园领导由地方政府任命。迪庆藏族自治州国家公园管理局是迪庆州政府下属的正处级参公管理事业单位，人员编制为 20 人，领导职数一正两副。

（2）权责划分

2014 年以来，云南省林业厅开展调研、咨询、研讨等活动，学习国外国家公园管理的先进经验，积极推进国家公园管理立法工作，负责相关自然保护总体规划、法规、条例、政策、技术规范的制定和监督。碧塔海自然保护区的业务一直由碧塔海自然保护区管理所进行统一管理。碧塔海自然保护区派出所负责日常的保护任务，接受公安系统领导的森林公安的管理，业务上与自然保护区管理所合作。

普达措国家公园管理局是普达措国家公园的管理者，是其行政归属单位，对上主要向地方林业部门负责。其依照相关法律和行政法规，对普达措国家公园行使"统一规划、统一管理、统一保护、统一开发"的"四统一"职能，并对园区的一切活动享有监督权。

迪庆州旅游集团有限公司普达措旅业分公司是普达措国家公园的经营者，获得旅游收益并负责提供当地社区村民的反哺资金。社区反哺政策实施每五年为一轮。反哺政策通过反哺谈判会协商达成。普达措国家公园管理局召集反哺谈判会，社区村民代表参会，普达措旅业分公司负责人旁听，每轮补贴标准根据物价变化和当地百姓期望值综合决定。2008 年 5 月 28 日，当地开始实施第一轮社区反哺政策。经营公司每年从旅游收入中拿出 1000 余万元资金，专项用于公园辖区内社区的直接经济补偿。2013 年 5 月 28 日开始实施第二轮反哺社区政策。

3. 使用制度

普达措国家公园使用权出让与普达措旅业分公司。2008 年始，社区每年获得 100 多万元的反哺补贴。2012 年，景区建设投资了 9000 多万元，继续完善硬件设施。2013 年，普达措国家公园的门票价格是 258 元/人次（120 元游览车费，138 元门票费）。2012 年，普达措国家公园的旅游业收入突破 2 亿元，2013 年达到了 2.7 亿元，2014 年稍有下降，2015 年达到 3 亿元。2016 年，国家公园的收益为 3.26 亿元，去掉运营成本，普达措旅业分公司的净利润是 1.4 亿元左右。公司收益分配以股东大会形式，由股东们决定是直接分配还是继续投资。例如，2016 年末股东决定将收益继续投资。在几个分公司中，除了普达措旅业分公司和虎跳峡旅游经营有限公司盈利，其他的分公司都处于亏损状态。为使迪庆州旅游集团有限公司各分公司能平衡发展，2016 年普达措旅业分公司的 1.4 亿元收益被集团内"稀释"，最终净利润不到 5000 万元。另外，公司每年给东方航空公司 1500 万元作为航空补贴，确保飞往香格里拉的航线不停用。

3.2.3　试点对现有问题的改进程度

产权制度方面，改进了权利边界不清晰、权责不明确、利益机制不完善的问题。

保护制度方面，较好地处理了自然资源保护和社区发展的矛盾。将普达措国家公园划分为严格保护区、生态保育区、游憩展示区、传统利用区，仅开发利用不到 5%的面积，实现了对 95%区域的保护。成立普达措国家公园之前，林业部门曾负责当地旅游产业发展事务，之后因旅游业规模迅速增加，林业部门精力有限，由普达措旅业分公司接手旅游发展事宜，林业部门回归保护森林资源的职责；目前由普达措国家公园管理局与普达措旅业分公司在景区安排卫生清洁、巡护等工作岗位，帮助当地村民就业，通过社区反哺，一定程度上解决了保护和发展的矛盾，增强了村民的保护意识。同时，香格里拉成立了综合执法局，执法工作委托综合执法局进行。

使用制度方面，普达措旅业分公司的收益分配制度较明确。

3.2.4　试点带来的新问题

产权制度方面，全民自然资源所有权的代行机构主要为地方政府，中央层面的监管不到位；配套利益安排机制不完善，碧塔海自然保护区管理所做了大量的实质性保护工作，却没有获得普达措国家公园的收益分成，管护资金较为缺乏。

保护制度方面，经费主要依靠地方政府，中央的经费支持较少，缺乏相应的激励机制及制度以保障地方政府负责的经费支出，当地财政高度依赖门票收入，国家公园的公益性要求可能会在初期对地方财政有影响；一类、二类和三类社区的反哺资金差距较大，增大了社区内部的贫富差距，一定程度上激化了社区矛盾；当地任何旅游开发项目都需要得到林业部门的许可，林业部门会依据环境生态影响对开发项目进行严格的审批，因此在审批过程中，往往会出现保护和开发的矛盾；存在立法不足和法律重叠的问题，对地方政府任命的官员缺少专门的考核机制；普达措国家公园功能区的划分标准不明确，核心区和游憩区有部分重叠。

使用制度方面，普达措旅业分公司属于国有独资企业，对其监督不足。随着旅游收入的增多，企业利润分配存在问题。

3.3　钱江源国家公园

北京大学自然保护管理体制改革研究组于 2017 年 4 月 21—27 日前往浙江省衢州市开化县钱江源国家公园开展调研。本次调研访谈接触到的部门负责人有：开化县人民政府县长、常务副县长、钱江源国家公园管委会主任、国家公园综合办主任、生态资源保护中心、开化县农办、开化县编委办、开化县财政局、开化县国土资源局、开化县文旅委、开化县林业局、开化县农业局、开化县规划局、林场负责人、社区居民，以及安徽省休宁县岭南自然保护区管理站有关人员。

3.3.1　基本情况

2013 年 7 月，开化县提出建设国家东部公园的战略设想。2014 年 3 月，环境保护部同意开化县开展国家公园试点。2015 年 1 月，国家发展改革委等 13 个部委（办、局）正式启动国家公园体制试点工作。同年 3 月 2 日，浙江省政府选择在开化县开展国家公园体制试点工作。2015 年 3 月底，由浙江省发改委牵头，省编委办、省农办、省财政厅、省国土资源厅、省环保厅、省水利厅、省农业厅、省林业厅、省旅游局、省文物局、省法制办等部门及开化县人民政府共同参与的浙江省国家公园体制试点工作联席会议制度建立，负责 3 年试点期间的联络协调工作，并成立了工作领导小组，承担具体日常工作。2016 年 6 月 17 日，国家发展改革委复函浙江省人民政府，同意《钱江源国家公园体制试点区试点实施方案》，标志着试点工作进入实质性操作阶段。

3.3.2　管理体制

对钱江源国家公园管理体制的分析主要分为产权制度、保护制度和使用制度三个方面。

1.　产权制度

钱江源国家公园试点区内集体所有土地面积共 200.72 平方千米，占全区土地总面积的 79.6%。在试点期间允许采取以租代征的方式，减轻中央和地方的财政压力，减少社会矛盾，维持社会和谐。

钱江源国家公园管委会是资源的管理者。国土资源、环境保护、农牧、林业、水利等自然资源管理和保护相关部门负责监督国家公园管委会的保护执行情况，属联合监督者。

2.　保护制度

（1）机构及人事任命（图 3-3）

浙江省发改委是钱江源国家公园试点工作牵头部门。2017 年 3 月 20 日，省编办批复同意开化国家公园党工委、管委会分别更名为钱江源国家公园党工委和钱江源国家公园管委会（属于正处级行政事业单位）。钱江源国家公园管委会整合了开化国家公园管委会、古田山国家级自然保护区管理局、钱江源国家森林公园管委会、钱江源省级风景名胜区管委会，由浙江省政府垂直管理。业务上接受省级层面的国家公园体制试点工作联席会议的指导。

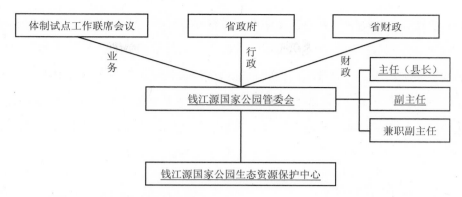

注：标注下划线的为本次调研涉及的访谈对象。

图 3-3　钱江源国家公园管理机构设置情况

人事权方面，钱江源国家公园党工委书记和管委会主任分别由县委书记和县长兼任。开化古田山国家级自然保护区管理局更名为钱江源国家公园生态资源保护中心，作为副处级单位列为钱江源国家公园管理委员会下属事业单位。开化县在 4 个乡镇筹备建立了 5 个保护站，由乡长兼任保护站站长。

（2）权责划分

职责方面，以地方管理为主，没有专门的森林公安。试点区内全民所有的自然资源资产委托钱江源管委会负责保护、管理和运营，行使自然资源管理和国土空间用途管制职责，依法实行更严格的保护。各有关部门继续依法行使自然资源监管权。地方政府行使辖区内（包括试点区）经济社会发展综合协调、公共服务业、社会管理和市场监管等职能。

经费方面，实行"省管县"体制，由省级政府垂直管理，实施省财政的转移支付。2014—2016 年三年间，浙江省财政厅共补助开化县 62281 万元，其中：2014 年 19950 万元，2015 年 21165 万元，2016 年 21166 万元。此外，浙江省自 2008 年起对全省主要水资源源头所在县（市、区），以"林、水、气"等反映区域生态环境质量的基本要素为分配依据，进行生态环保财力转移支付，9 年共补助开化县 48632 万元。

3.3.3　试点对现有问题的改进程度

在产权制度方面，改进了权利边界不清晰、权责不明确、利益机制不完善的问题。目前安排有土地承包退出机制，政策上是鼓励农户承包，进行规模化经营。

在保护制度方面，通过省财政转移支付，一定程度上解决了保护和发展的矛盾。浙江省委、省政府对开化等重点生态功能区不考核 GDP、不考核工业,探索建立了与污染物排放总量、出境水水质、森林质量相挂钩的财政奖惩机制。浙江省发改委牵头负责钱江源国家公园试点工作,对各部门的调动能力较强,钱江源国家公园党工委书记、管委会主任分别由县委书记、县长兼任,开化县筹备建立 5 个保护站,涉及 4 个乡镇,由乡长任保护站的站长,与地方政府的协调能力较强,能够统一高效地开展钱江源国家公园试点工作。

3.3.4　试点带来的新问题

在产权制度方面,全民自然资源所有权的代行机构主要是地方政府,中央监管不到位。

在保护制度方面,经费主要依靠省级政府,中央的经费支持较少,需要相应的激励机制及制度,保障地方政府负责的经费支出。除一把手外,保护地内的官员任命需要与地方官员任命相结合;对于地方政府任命的官员需要有专门的考核机制。国家公园的人事权本来由浙江省一级管理,后来交由衢州市、再交由开化县代管,由于市县两级政府财力不够,政策的制定和执行力度较低。同时,市、县级在进行试点工作时需要层层上报和审批,程序繁冗,影响效率。开化县林场在钱江源国家森林工作开展部分工作需要当地风景名胜区的管理负责人审批,由此会产生审批方面的矛盾。

使用制度方面,当地的特许经营模式尚处在探索阶段,管理机制不够健全。国家公园环境教育标识系统尚未建立,解说教育专业性差等问题明显。

3.4　武夷山国家公园

北京大学自然保护管理体制改革研究组于 2017 年 5 月 11—14 日前往福建省武夷山市武夷山国家公园开展调研。本次调研访谈接触到的部门负责人有:武夷山市常务副市长、武夷山景区管委会副主任、武夷山国家级自然保护区管理局副局长、武夷山国家公园体制试点筹备组部分成员、武夷山国家公园对接办、武夷山市林业局局长、武夷山市旅游局、武夷山市国土资源局、武夷山市发展与改革局、武夷山市国土资源局和社区居民等。

3.4.1　基本情况

武夷山试点区位于福建省北部，周边分别与福建省武夷山市西北部、建阳市和邵武市北部、光泽县东南部、江西省铅山县南部接壤，包括武夷山国家级自然保护区、武夷山国家级风景名胜区和九曲溪上游保护地带，总面积为 982.59 平方千米。其中，武夷山国家级自然保护区 565.27 平方千米，国家级风景名胜区 64 平方千米，九曲溪上游保护地带 353.32 平方千米。试点区 1999 年被列入世界自然与文化遗产地。试点区内已建成 1 个国家级自然保护区和 1 个国家级风景名胜区。

3.4.2　管理体制

对武夷山国家公园管理体制的分析主要分为产权制度、保护制度和使用制度三个方面。

1. 产权制度

当前武夷山国家公园内 70% 的土地是集体土地，百姓的流转意愿高。目前，按照山林赎买资源原则，政府赎买了 1958 亩成熟的商品林。

武夷山国家公园管委会是资源的管理者。国土资源、环境保护、农牧、林业、水利等自然资源管理和保护相关部门监督国家公园管委会的保护执行情况。

2. 保护制度

（1）机构及人事任命（图 3-4）

原福建省武夷山国家级自然保护区管理局隶属于福建省林业厅，为财政核拨的正处级参照公务员法管理的事业单位。管理局设 8 个科室、4 个管理所和 1 个办事处，均属科级管理单位。管理局现有参公事业单位编制 70 人，另有南平市公安局武夷山国家级自然保护区森林分局行政编制 34 人。

原武夷山风景名胜区管理委员会为武夷山市政府派出机构，是副处级单位，具体承担福建省住建厅委托武夷山市政府管理武夷山国家级风景名胜区的职能，机关下设党政办公室、纪检监察室、财政局、世界遗产局、园林局、建设发展局；景区事业机构有景区执法大队、森林公园管理处和宣传文化中心等。现共有工作人员 210 人，其中，景区机关工作人员 104 人，一线执法人员 57 人（不含执法协管员 37 人），森林公园管护人员 49 人（2000 年，为加强上游生态保护，武夷山市政府将原四新、程墩采育场职工成建制划归景区管理）。

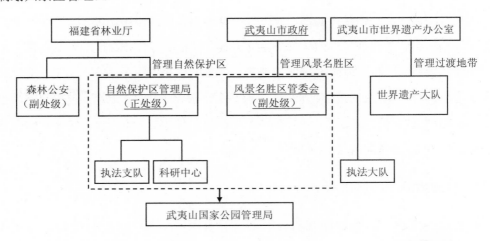

注：标注下划线的为本次调研涉及的访谈对象。

图 3-4　武夷山国家公园管理机构设置情况

人事权方面，在 2017 年 5 月底成立武夷山国家公园管理局，是正处级单位，由省政府垂直管理。局长由福建省林业厅副厅长兼任，牵头单位是省林业厅。计划行政编制共 30 个，其中，20 个编制分配给武夷山景区管委会，5 个编制分配给福建省林业厅，5个编制分配给福建省委机构编制委员会办公室。原武夷山国家级自然保护区管理局的 70个事业编制参公人员全部进入原武夷山国家公园管理局编制；科研中心计划编制 20 个，分配给原武夷山景区管委会 16 个，原武夷山国家级自然保护区管理局 4 个。原武夷山风景名胜区管委会的执法大队有 7 个中队，共 100 多人（约 60 人有编制）没有进入武夷山国家公园管理局编制；武夷山世界遗产办公室约 2 个编制没归入武夷山国家公园管理局。目前，武夷山国家公园管理局的执法队伍只有原武夷山国家级自然保护区管理局的 70 人，执法力量不够。

（2）权责划分

武夷山国家公园管理局是武夷山国家公园的管理者，由原武夷山自然保护区管理局和原武夷山风景名胜区管委会合并。武夷山国家级自然保护区由原自然保护区管理局负责管理，武夷山国家级风景名胜区由原武夷山风景名胜区管理委员会负责管理，武夷山国家级自然保护区和武夷山风景名胜区中间的过渡地带由世界遗产大队、乡镇政府、护林员和森林公安（福建省林业厅派出机构，副处级单位）管理。

武夷山旅游集团是武夷山国家公园的经营者，负责武夷山国家公园的经营工作。

3. 使用制度

武夷山旅游集团属综合性集团公司，其核心企业为武夷山旅游（集团）有限公司，是由原武夷山风景名胜区管理委员会独资设立的国有独资公司，是武夷山市规模最大、服务最完善的旅游龙头企业，拥有世界文化与自然遗产地武夷山精华景点的专营权。武夷山风景名胜区的门票收入上缴给福建省财政厅，之后回拨给地方财政，采用收支两条线的方式，是一级财政预算单位。

3.4.3　试点对现有问题的改进程度

产权制度方面，改进了权利边界不清晰、权责不明确、利益机制不完善的问题。

保护制度方面，一定程度上解决了武夷山国家级自然保护区、武夷山风景名胜区和中间的过渡地带生态系统孤岛化、碎片化现象严重的问题。试点开展之前，武夷山国家级自然保护区、武夷山风景名胜区和中间的过渡地带由不同的管理部门进行保护和管理，被划分为不同管理区域，生态系统被人为碎片化，资源保护利用效率低下，试点区各管理部门间缺乏统筹协调，资源难以得到有效配置，导致保护经费分散、机构重复建设、管理能力不均衡，降低了保护管理的效果。试点开展之后，将三个管理区域统筹管理，成立武夷山国家公园管理局在一定程度上解决了破碎化的问题。

使用制度方面，武夷山旅游集团的收益分配制度较明确。

3.4.4　试点带来的新问题

产权制度方面，全民自然资源的所有权的代行机构主要为地方政府，中央监管不到位。

保护制度方面，长期以来主要依靠地方财政投入，地方财政比较困难，对保护地建设资金的投入十分有限，需要相应的激励机制及制度，保障地方政府的经费支出，当地财政依赖门票收入，国家公园的公益性要求可能会在初期对地方财政有影响；除一把手外，保护地内的官员任命需要与地方官员任命相结合；对于地方政府任命的官员需要有专门的考核机制；武夷山国家公园管理局目前是正处级单位，由于级别较低，在与其他机构的协调上存在诸多不便。国家公园内部的原当地居民的住房建设制度需要变更。村民的主要收入来源是茶叶，很多村民的茶田在武夷山国家公园内，退茶还林会引发很大的经济利益冲突，百姓担心茶田会受影响。目前，武夷山国家公园管理局的执法队伍只有原武夷山国家级自然保护区管理局的 70 人，执法力量不够。土地资源确权后，土地流转制度需要完善。

使用制度方面，武夷山旅游（集团）有限公司市政府占 40%的股份，共有职工 1000 多位。国家公园成立后，该公司的特许经营问题有待解决。日后，武夷山国家公园内特许经营项目如何审批和布局将是该国家公园管理局将面临的一个重要问题。

第 4 章　美国保护地经验介绍

4.1　美国保护地的概述

4.1.1　美国保护地政策的发展

美国完整的保护地体系受到来自联邦、州、部落或地方等不同层级组织机构的管辖，保护程度不尽相同。其中，政府保护级别最高的是联邦所辖的保护地，主要用于保护原生的自然环境和历史人文，为当代人及后代人的休闲娱乐、教育科研提供资源。

1. 保护地的发展

18 世纪 80 年代至 19 世纪末，美国国内展开了长达一个世纪的西进运动。这一时期出台的法律主要旨在促进移民定居，以及对西部大陆丰富的自然资源进行开采和利用。其中，1785 年和 1787 年陆续颁布的《土地法令》（General Land Ordinances）对美国西部土地的出售和管理做出规定，赋予联邦政府对未利用土地的管理权；1812 年联邦政府在财政部下成立了土地总局（General Land Office），负责监管对割让土地和购置土地的处置；1862 年签署的《宅地法》（The Homestead Act of 1862）规定了公民取得土地使用权和所有权的条件，为这些土地的私有化提供依据。到 19 世纪 70 年代，美国政府的一系列土地政策成功促进了西进运动并对其成果进行了保护，原住民手中的土地被剥夺分给美国公民。西进运动为美国公民提供了实现繁荣的途径，缓解了东部城市的拥挤状况，但是却埋下了破坏环境的制度隐患。

到了 19 世纪末，随着美国本土人口变得更加密集，大陆资源的开发利用日益加剧，美国国内公众和政府对自然资源的看法开始转变，之后陆续有资源保护类的法规出台，旨在减轻西进运动带来的环境影响。

1872 年，美国国会通过黄石法案（Yellowstone Act），指定黄石公园为国家公园，黄石公园自此成为美国境内的首个国家公园。1891 年，为了防止过度砍伐，保护森林和水体，美国国会授权总统创建"森林保护区"。1903 年，西奥多·罗斯福总统创建了全国首个野生动物庇护所。这些行为为国家公园系统、国家森林系统，以及国家野生动物保护系统的创建奠定了基础，至今仍为全球称颂。这些事件反映出美国国内逐渐形成的一个共识，即西部的资源是可耗竭的，它需要法律的保护。

进入 20 世纪，为进一步防止土地被过度开发利用，土地管理政策的颁布也拉开了序幕。1934 年颁布的《牧草法》（Taylor Grazing Act）授权内政部下设牧草服务局（Grazing Service）[后于 1946 年，在杜鲁门政府的部门重组中与土地总局合并组建成土地管理局（Bureau of Land Management）]对西部各州（除阿拉斯加州）的放牧区域进行划分，管制放牧行为。1935 年美国国会通过的《土地资源保护法》（Soil Conservation Act of 1935）体现了保持水土这一土地管理的政策目标。荒野保护是土地管理政策的另一个目标。1964 年的《原野法》（Wilderness Act of 1964）试图保持原生态土地"不被人类约束"；1968 年的《国家原野风景河流法》（Wild and Scenic Rivers Act），对原野风景河流的保护及其游憩价值都做出了明确的规定；同年出台的《国家步道系统法案》（National Trails Systems Act of 1968），规定了专供徒步用的国家步道。这些法案逐渐细化了保护地的利用方式和程度。

2. 历史保护地的发展

19 世纪末，美国官方和民众开始注意对史前印第安文明遗迹进行保存。这期间很多印第安文明遗迹被划入国家公园保护系统。1906 年，西奥多·罗斯福总统签署了《古迹法》（Antiquities Act）。该法授权总统将境内的历史地标、文物古迹命名为国家历史文物（National Monument），进而将具有历史价值的遗迹纳入联邦政府管理，尽快对联邦土地上的所有历史遗迹进行保护。虽然指定为国家古迹的一些地区后期被划归成国家公园，或并入现有的国家公园，但是这一法案使得古迹保护比通过国会建立国家公园的进程快很多。

4.1.2　当下各类保护地体系

在美国的保护地体系中，由单部门管理的保护地类型主要包括国家公园（National

Park)、国家海滨和湖滨（National Seashore and Lakeshore）、国家野生动物庇护所（National Wildlife Refuge）和国家森林（National Forest）。其他保护地则通过多部门联合管理，主要有国家原野风景河流（National Wild and Scenic Rivers）、国家休闲娱乐区（National Recreation Area）、国家步道（National Trails）、原野地（Wildness Area），以及国家历史文物保护类附属区域（包括国家登记历史场所 National Register of Historic Places，国家遗产区域 National Heritage Areas，国家历史地标 National Historic Landmarks）（Lommis，2002）。美国的各类保护地都有专门的法律指导，每种保护地中的资源类型不一定一致（表 4-1）。

表 4-1 美国保护地分类

保护地分类	国家公园管理局	林务署	土地管理局	鱼和野生动物管理局
国家公园 National Park	×			
国家海滨和湖滨 National Seashore and Lakeshore	×			
国家森林 National Forest		×		
国家野生动物庇护所 National Wildlife Refuge				×
国家休闲娱乐区 National Recreation Area	×	×		
国家步道 National Trail	×	×	×	
国家原野风景河流 National Wild and Scenic River	×	×	×	×
原野地 Wilderness Area	×	×	×	×

国家公园是保护自然和人文历史等多种资源的大面积土地，普遍拥有丰富的自然要素和生态资源，部分兼具人文遗迹。目前美国共有 59 处国家公园。国家公园体系各管理单元对开发和保护的均衡各有不同。例如，位于阿拉斯加的克拉克湖国家公园和自然保护区，在不损害公园内自然资源可持续存在的前提下，允许捕猎、钓鱼和石油天然气开采；而黄石国家公园则禁止一切的开发活动。

国家海滨和湖滨重点保护海岸线地区和离岸岛屿的自然价值，同时提供以水为主题的娱乐活动。现有的 10 个国家海滨位于大西洋、墨西哥湾和太平洋沿岸；4 个国家湖滨位于五大湖区。部分国家海滨和湖滨允许捕猎。

　　国家森林是指美国联邦政府拥有土地权属的大面积的森林和林地。随着 1891 年《土地修订法》（Land Revision Act）的颁布，美国国家森林体系正式成立。至今，美国共有 155 处国家森林，覆盖 769000 平方千米的土地，占美国国土面积的 8.5%。

　　国家野生动物庇护所除为野生动物提供栖息地外，还为人们提供了休闲的福利，如登山、划舟、赛皮艇、自驾游、观鸟、捕猎等。

　　国家休闲娱乐区是为市民提供休憩活动的区域。早期是指其他联邦机构修建的水坝形成的库区，由国家公园管理局根据合作协议进行管理。目前游憩地的概念已经拓宽到国会立法所规定的具有开发娱乐价值的其他土地和水域，包括城市中心地带。国家公园体系以外的国家休闲娱乐区主要由林务署管理。

　　国家步道通常是从自然美景中穿过的长距离漫步小径，主要作徒步用。

　　国家原野风景河流重点保护没有被阻塞、被改造成沟渠，或以其他方式改变自由流动性的河流。除了保护自然界的河流，这些地区还提供远足、划独木舟和狩猎等户外活动的机会。

　　原野地是由国会选定的在国家森林、国家公园、野生动物庇护所和其他公共土地中的需要保护的地区。原野地有多种用途。不过法律限制了符合《原野法》规定特征的原野地的使用。例如，原野地需要保护对下游城市和农业至关重要的流域和清洁用水，保护各种野生动植物（包括濒危物种）的栖息地，同时禁止采伐和油气钻井。如果某种用途（放牧、用水或其他）不会对该土地的大部分地区造成重大影响，可以在一定程度上保持下去。在原野地保护系统内，林务署管理 33% 的土地，下辖 115 个单位管理 445 个原野地；土地管理局管理 8% 的土地，下辖 48 个单位管理 224 个原野地；鱼和野生动物管理局管理 18% 的土地，下辖 64 个单位管理 71 个原野地；国家公园管理局管理 40% 的土地，下辖 50 个单位管理 61 个原野地。

　　到目前为止，美国国内涉及国家历史文物的保护地具有许多套命名系统。国家历史遗址（National Historic Site）是最经常被国会授权进入国家公园体系的保护地。国家军事公园（National Military Park）、国家战场公园（National Battlefield Park）、国家战场遗址（National Battlefield Site）、国家战场（National Battlefield）等命名被用于与美国军事史相关的遗迹。国家历史文物（National Monument）和国家历史公园（National Historical Park）可能与军事史相关；而国家历史公园通常比国家历史文物拥有更大的景观丰富度和复杂性。在历史地保护体系内，截至 2016 年，有 88 个美国国家历史文物保护地由国家公园管理局管理，其余 40 个由其他联邦机构管理。总体而言，国家公园管理局、林务署、土地管理局以及鱼和野生动物管理局这四个保护地管理机构的管辖地没有重合，但是在职能上有所重叠。

4.2　保护地的土地权属

美国保护地由联邦、州和地方政府所有。美国联邦政府拥有大约 2.63 亿公顷的土地[①]，占全美 9.19 亿公顷土地的 30%左右。联邦所有的保护地主要授权给鱼和野生动物管理局、国家公园管理局、土地管理局和林务署四大联邦机构管理。其中土地管理局以多样利用、可持续开发的原则管理着联邦 10048.34 万公顷的土地，土地管理限制较少。林务署管理着 7806.39 万公顷的土地，鱼和野生动物管理局管理着 3605.75 万公顷的土地，国家公园管理局管理着 3229.39 万公顷的土地。以上四者管理的土地共占联邦土地的 95%左右。此外，还有国土安全部控制着 461.34 万公顷的联邦土地，以作军事训练之用，以及其他政府机构管理着剩下 3%的联邦土地。

联邦土地在各州的分布差异很大，从康涅狄格州和爱荷华州的 0.3%左右，到内华达州的 79.6%，占比不等。整体上，联邦土地多分布在美国西部，而美国西部各州及阿拉斯加州以外的其他地区的联邦土地只占到其整体的 4.2%，这一分布跟美国移民进程有关。

4.3　美国的保护地管理体制

4.3.1　管理机构设置及其职责

国家公园管理局、鱼和野生动物管理局、土地管理局都隶属于内政部，林务署则由农业部管理。四个部门都形成了以"总部—地方办公室—基层办公室"为主线的垂直管理体系，主要由位于首都华盛顿的总部负责制定国家级项目规划，由下设的地方办公室

[①] 数据来源：美国国会研究中心（Congressional Research Service）2017 年 3 月的一份报告，土地数据截至 2015 年 9 月 30 日。这一数据，不包含海岸保护地、印第安人居住地等土地的面积，是低估的。印第安人的土地涉及更复杂的产权形式，这些土地不属于联邦所有，但交由联邦政府托管。

分管地方事务以及项目的具体执行。

（1）国家公园管理局

美国国家公园管理局的目标是保护国家公园系统内的原生自然资源和文化价值观，使当代人和后代人都能从中获得享受、教育和启发。这一机构在促进和规范国家公园（national park）、历史文物地（monument）及保留地（reservation）的使用方面发挥着主导作用，目前管理着国家公园系统内的 417 个保护地，同时还向国会授权的多个附属地区提供技术和财政援助。国家公园管理局从高到低的纵向机构分别是国家公园管理局总部、七大区域办公室、基层公园管理局（图 4-1）。

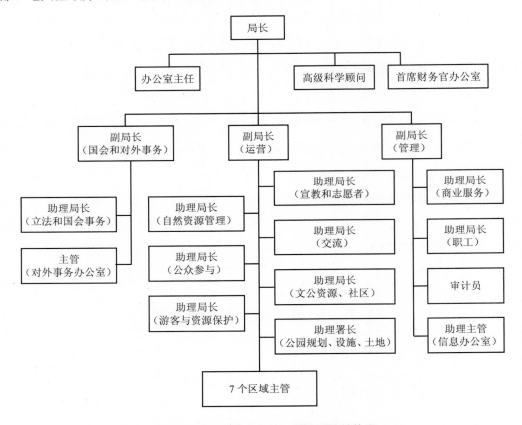

图 4-1　美国国家公园管理局的组织结构图

资料来源：National Park Service Headquarters Organization，NPS website。

内政部长有权干涉国家公园内部事宜，有权制定国家公园管理局所辖国家公园体系内资源的使用和管理条例，具体包括出售或处置木材、提供特权、租赁和许可证等。国家公园管理局需要在《国家公园管理局组织法》（National Park Service Organic Act）框架下制定国家公园管理政策。国家公园管理局的局长直接领导办公室主任、高级科学顾问和首席财务官办公室，另有 3 个副局长直接对其负责。同时，《国家公园管理局组织法》赋予国家公园管理局广泛的自由裁量权，局长有权做出其认为"对公园的使用和管理必要或适当"的决定。美国的各国家公园都由国会专门立法指导，拥有自己的立法和管理制度，因而能够有针对性地制定自己的具体目标和需求（表 4-2）。

表 4-2　国家公园管理局三级机构的行政职责

	总部	区域办公室	基层公园管理局
规划	"丹佛中心"负责制定部门目标发展规划；同时向区域办公室和基层公园管理局提供规划制定服务	对辖区内各个公园的规划负责，提供技术指导	对未来的计划、科学研究、资产目录等做出规划
政策制定	负责国家公园管理局政策的准备、分析、评估和沟通	通过提交信息和建议的方式，参与制定国家政策、项目和目标	参与区域政策的制定
执法	美国公园警察局负责调查和拘留管辖范围①内美国公民涉嫌的违法行为；该部门同时还为美国总统和到访贵宾提供安保服务	—	国家公园园警负责园区内的执法工作
监督	立法和国会事务办公室向参与立法制定和实施的国家公园管理局职员提供指导，确保其能完全理解并且遵循公共宣传的法律和法规	—	—
执行实施	综合管理国家公园管理局；协调部门间关系和利益问题	领导、整合辖区内各大利益相关者联盟；将国家指令转换为区域政策、项目和目标；为下属机构提供技术和行政支持	制订行动方案，将国家和区域政策及项目落到实处
社区发展	制定社区发展项目并提供指导	—	在规划早期与社区、地方领导和利益相关者接触，听取他们的意见；为社区居民提供申请历史保护地的技术援助等实践操作

注：①美国公园警察局管辖范围包括位于华盛顿特区、旧金山、纽约市地区的土地以及其他部分政府土地。

在国家公园管理局所负责的保护地内，有 3141 个乡镇。国家公园管理局的工作人员为社区居民提供咨询服务、技术援助以及现金援助。他们与印第安人部落、州和地方政府、非营利组织、公民个体等合作伙伴共同建设步道和休闲娱乐区，翻新老建筑，建设经济适用房，保护水域，开发宣传教育项目等。具体的合作项目涉及历史保护、公众参与和户外娱乐等内容。一般而言，来到国家公园或历史遗址的访客不仅在园内，也会在门户社区消费。2012 年，约有 2.82 亿休闲游客到访美国国家公园，在门户社区共消费近 147 亿美元，直接或间接地为当地提供了 24.2 万份工作岗位。

（2）鱼和野生动物管理局

鱼和野生动物管理局的纵向机构分别是中央行政办公室、八大区域办公室、各州立办公室以及 860 个遍布美国各地的地方办事处。鱼和野生动物管理局的职责是和其他个人或机构合作，保护和改善鱼类、野生动物、植物及其栖息地（图 4-2）。

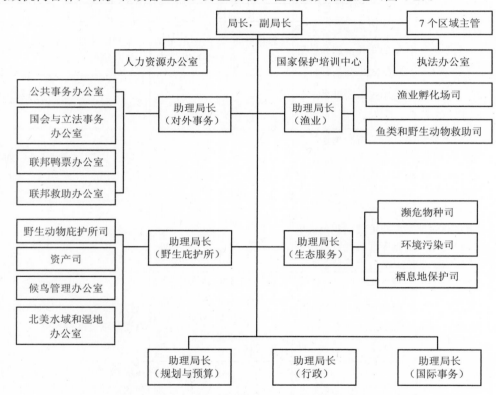

图 4-2　美国鱼和野生动物管理局的组织结构图

资料来源：U.S Fish and Wildlife Service Organization，FWS website。

每一个野生动物庇护所都有专门的综合保护计划（Comprehensive Conservation Plans，CCPs），以 15 年为周期进行规划。法律允许庇护所在确保合适的情况下，开展四项与野生动物相关的娱乐活动：狩猎、垂钓、野外观察和摄影、环境教育和解说。这些与野生生物相关的娱乐活动是野生动物庇护所系统面向公众的首要功能。根据联邦法典第 50 条法令，鱼和野生动物管理局定义下的庇护所管理体制内有三类不动产：庇护所、水鸟繁殖区和协调区域。其中，协调区域指的是由管理局与州政府野生动物保护部门通过协议合作管理的区域。

为节省资金和人力成本，鱼和野生动物管理局经营管理野生动物庇护所时大量依赖社会资源。个人可通过加入相关非政府组织成为志愿者，或直接向保护地管理机构申请成为志愿者。2015 年，该局共接收志愿者 36000 多人，贡献了累计 140 万小时的志愿服务，其中野生动物庇护所的志愿工作约占 20%。

（3）林务署

作为联邦自然资源保护的领衔机构，林务署在美国国家森林、牧场和水生生态系统的保护、管理和利用方面发挥了领导性的作用。美国林务体系纵向上分为四级机构，从高到低分别是林务署总部、区域办公室、国家森林和草地办公室以及护林区。通过机构内自上而下的赋权，林务署形成了良好的分权体系。目标、政策、信息能够在各级之间有效传递（GAO，1999）（图 4-3）。

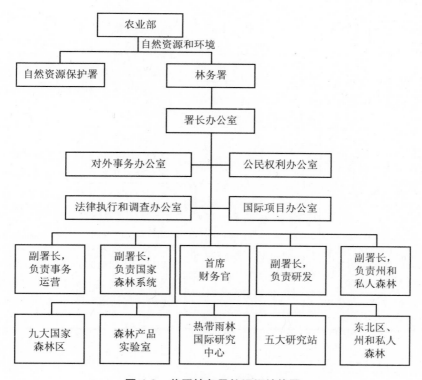

图 4-3　美国林务署的组织结构图

资料来源：US Forest Service，Fiscal Year 2017 Overview。

　　直接下属于林务署署长的四个办公室，即对外事务办公室、公民权利办公室、法律执行和调查办公室、国际项目办公室，是整个林务署的战略核心：负责为林务署提供政策指导，与总统办公室合作制定部门预算，并为国会提供项目评估的信息。林务署总部分为国家森林系统管理、森林服务研究、州和私人林业[1]、机构行政服务等多个部门。区域层面，美国森林管理划分为九大区域[2]，每个区域都设有区域办公室。国家森林系统包括 154 处国家森林和 20 片国家草地。护林区是指国家森林和国家草地内部更低一级的管理单位。护林区工作者也是美国民众最常接触到的一线工作人员。美国共有 600 个护林区，大小不等（表 4-3）。

表 4-3　林务署四级机构的行政职责

	总部	区域办公室	森林和草地办公室	护林区
总体规划	制定林业发展、具体项目和预算的规划	根据国家计划和区域目标，制定相匹配的区域发展计划	参与区域规划的制定；根据区域下达目标，完成土地利用规划	参与某国家森林和草地的规划过程
政策制定	制定国家标准	通过提交信息和建议的方式，参与制定国家政策、项目和目标	参与区域政策的制定	参与某国家森林和草地的政策制定
监督管理	监控、审查实地项目，确保项目的质量和效果	负责国家森林系统的数据收集、分析、整合和传播；对国家森林和国家草地的管理情况进行监督	为下属单位提供技术和行政资源帮助，并做好监督工作	—
执行实施	综合管理国家森林系统及其资源；协调部门间关系和利益问题	领导、整合辖区内各大利益相关者联盟；将国家指令转换为区域政策、项目和目标；为下属机构提供技术和行政支持	制定行动方案，将国家和区域政策以及项目落到实处；负责森林系统土地上的物资和服务生产，并将它们提供给公众	道路建设和维持、营地运营、野生动物管理；识别并解决区内冲突和问题
社区发展	支持地方和林业产业协会等机构，以获得更广泛、更有效的管理、开发和保护成效；部落林地联系和支持	与各州政府、部落政府和利益团体合作，收集和整合州内公有林地和私人林地的信息	维系州、县和地方团体的关系，并调动资源以推动森林规划和项目	与当地团体发展并维持良好关系；推广土地管理教育

---

[1] 根据 2014 年林业署署长提交至国会的一份报告，林业署为全国 2.43 亿公顷的非联邦土地提供可持续管理支持，包括 1.71 亿公顷的私人林地，2792.33 万公顷的州属林地，728.43 万公顷的部落林地和超过 4046.85 万公顷的城市和社区林地。

[2] 原本为十大区域，但北部中央区（七区）与前东区合并，成为新的东区，因而当下实有九大区域。

林务署作为农业部下属的独立机构，需要处理国内部门间、国际同行的关系和利益问题，积极与科学团体、公众、部落政府进行沟通合作。对内，林务署需要制定国家标准、林业发展规划、具体项目和相应预算，并对全国普遍且复杂的林业管理问题提出技术方案并提供支持。同时监控、审查实地项目，以确保项目的质量和效果。区域层面，共设九大区域办公室。区域办公室作为总部和基层之间的中介，其职权与林务署总部有很大重叠。此外每个区域办公室还承担了数据收集、分析、整合和传播的功能，其负责人直接接受林务署署长领导。森林和草地办公室的监管员管理下级单位的工作、分配预算，并为下属单位提供技术指导，向上对区域办公室的主要负责人汇报工作。护林区办公室承担了大量工作。道路建设和维持、营地运营、野生动物管理等很多工作都在林区这一层面进行。除完成上级交代的目标、标准和指令的工作外，护林区办公室侧重解决一线冲突，发现新的资源问题，对接美国公众并对之进行自然教育。

（4）土地管理局

土地管理局的组织结构包含国家、州、地方三个层级①。国家机构包括土地管理局的总部以及执行特殊职责的国家办公室。州级机构包括 12 个州办公室，负责执行土地管理局在一个或多个州的业务。地方机构包括 175 个地方办公室，在州办公室的监管下执行其司法权，为大众提供直接的服务，对公有土地及资源进行实地管理。土地管理局的组织结构如图 4-4 所示。

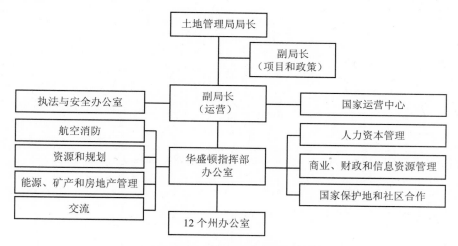

图 4-4 美国土地管理局的组织结构图

资料来源：Bureau of Land Management，Budget Justifications and Performance Information Fiscal Year 2018。

---

① 1999 年的机构重组使之前的"总部—州—地方—区域资源办公室"的四个层级简化为"总部—州—地方办公室"的三个层级。

土地管理局的使命是"为了当代和后代的利用与享受，保持公有土地的健康、多样性和生产力"。土地管理局追求管理能够多用途使用（可再生能源开发、常规能源开发、家畜放牧、矿石开采、木材采伐和户外休闲）的公共土地，同时保护自然、历史和文化资源。其职能包括保护特定的景观，包括原野地、原野研究区、国家纪念地、国家保护区、历史遗址以及原野风景河流在内的国家保护地；保护野马野驴的牧场；保护野生动物、鱼类及植物栖息地；保护印第安人或"西部"传统手工艺品；保护古生物资源。土地管理局各分级机构的行政职责如表 4-4 所示。

表 4-4　土地管理局三级机构的行政职责

	总部及国家中心	州办公室	地方办公室
总体规划	制定部门战略规划、绩效规划；编写战略分析和行动计划以及体现部门发展方向的指南文件	明确地区部门的长期目标、近期目标以及优先努力方向；为地方办公室提供指导	—
政策制定	开展对部门政策的制定、修订和完善，并解释说明如何实施政策	牵头制定、修订和完善州级层面活动的部门政策，并对政策进行说明	—
监督管理	评估部门内项目的有效性；评估地方办公室的管理者在执行项目或政策时承担的责任	提供资源管理的技术支持；保障地方办公室的活动和服务质量；对部门产品和服务的有效性、顾客服务的回应性和地方绩效进行评估	监管辖区内的公有土地及资源；向土地的经营者以及公众提供产品及服务；维持和改善辖区内公有土地的健康和生产力
执行实施	制定部门内的资源预算；并在部门的主营业务中分配资金	与其他联邦或州的机构协调；在可行的情况下跨机构共享资源；提供特定的产品和服务（土地估价等）；为其他州级机构提供行政支持（信息管理等）	在可行的情况下跨机构共享资源；承担不同的公有土地管理职能（如开展土地调查、矿产资源勘查等）；为当地行政机构提供支持（物业管理等）
社区发展	宣传部门政策、需求、以及在国家层面的成就	宣传部门政策、优先努力方向以及在州层面的成就	宣传部门目标、上级政府的政策、优先努力方向以及在当地取得的成就

资料来源：GAO，1999. The Forest Service's and LMS Organizational Structure and Responsibility。

4.3.2　人事任命

1. 国家公园管理局

根据美国宪法中的任命条款，国家公园管理局的局长是由总统任命、参议院批准的。内政部长有权干涉国家公园内部事宜。国家公园管理局雇用了 22000 多名正式、临时和季节性职员。

2. 鱼和野生动物管理局

鱼和野生动物管理局局长及常务副局长皆由内政部长任命，由局长负责鱼和野生动物管理局的内部管理，任命助理长官以及各区域主管；各区域主管拥有本区域所有事物的管理权限，负责制定本区域人事管理计划并予以执行。鱼和野生动物管理局全职员工包括专业的生物学家、林火管理技术人员、执法人员和其他资源管理相关专业人士。

3. 林务署

林务署各层级的人事任命符合其权力从联邦到地方逐层下放的逻辑，即下级机构负责人由上级机构领导任命。林务署的署长由农业部分管自然资源和环境的副部长任命，后者为总统任命并交国会批准的联邦公务人员。林务署分别负责研发、国家森林、州和私人森林和商业运营的副署长由署长任命。而各区域主管等下属部门人员由署长和常务副署长任命。林务署的行政领导包括署长（chief）、常务副署长（associate chief）、幕僚长（chief of staff）、分管不同业务的副署长（deputy chief），以及首席财务官（chief financial officer）。除机构领导之外，林务署还有 500 多名科学家，1 万多名消防员、700 多名执法人员，再加上 50 个州各个护林站的工作人员，共有 3 万多人[①]。

4. 土地管理局

根据美国宪法中的任命条款，土地管理局的局长是由总统任命，参议院批准。内政部下分管土地和矿产资源的助理部长有权干涉土地管理局的内部事宜，中央办公室的其他行政人员、办公人员由土地管理局局长任命。在 1998 年的统计中，土地管理局的众多办公室共雇有 10500 名雇员（其中包括 8910 名终身雇用员工和 1546 名临时员工），分别从事 203 个不同工种，83%的工种可归为白领。除白领外，大部分终身雇员多从事生物科学类、行政服务类、物理科学类和建筑工程类工作。

---

① 数据来自：美国林业署报告 The U.S. Forest Service - An Overview。

4.3.3　土地产权

1.　土地购买和处置

美国联邦土地管理实行中央直管，主管机构对辖区内土地负责。《美国联邦土地政策管理法》规定，政府有权通过买卖、交换、捐赠或征用的方式获得各种土地或土地权益。美国国会制定法律授权土地收购，也可负责具体的土地收购案。四大机构被赋予的土地收购权限不同。其中国家公园管理局的权限最小，主要由国会代购再授权管理；同时，内政部部长可出于保护和管理目的，行使小范围购买公园周边土地的权力。林务署享有部分购买土地的权限，即购买国家森林系统内部或周边紧邻的土地，而只有国会才拥有新建国家森林的权力。鱼和野生动物管理局经《迁徙鸟类协议法案》（Migratory Bird Treaty Act of 1929）、《鱼类和野生动物协调法》（Fish and Wildlife Coordination Act of 1934）、《鱼类和野生动物法》（Fish and Wildlife Act of 1956）、《濒危物种法》（Endangered Species Act of 1973）等多部法律的授权，拥有选择新土地创建保护区和大面积扩建既有保护区的权力。相比较而言，土地管理局的收购权限最大，拥有保护性地役权①（conservation easements）、通道地役权（access easement）、采矿权、水权等多项权益。各个机构都有接受社会捐赠和遗赠的土地的权利。

但联邦政府对州政府或地方政府的土地没有平调或处置权，即联邦政府要使用州政府或地方政府土地时，也要通过交换或购买等途径。

此外，政府会处置那些联邦不再需要、管理不善、另做收益更高的其他用途。联邦土地一方面可直接转变为其他用途，如农业种植、社区开发、矿物开采、教育等；另一方面也可交换至其他机构。四大联邦土地管理机构享有不同的处置权，处置权的大小因土地处置目的而定。

国家公园管理局几乎没有土地处置权，因为公园体系以保护为主。但出于必要的保护性管理目的，公园边缘区域可作小范围的变动。在报国会两院和公开边界调整情况后，内政部部长可行使公园边缘区域的土地交换等权力（54 U.S.C. §100506）。

鱼和野生动物管理局也几乎没有土地处置权。野生动物庇护所的土地处置只能由国会做出。对新购土地，处置权仅在两种情况使用：被授权的土地交换包含了土地处置的

---

① 地役权是产权的一种，指进入和享有非自身所有土地的权力。

内容；内政部部长决定某土地不再需要或迁徙鸟类保护委员会授权处置（16 U.S.C. §§668dd）。

林务署的土地处置权相对较大。林务署依照《联邦土地政策和管理法》《一般交换法案》（General Exchange Act of 1922）售出其管理的国家森林体系的土地或在同一州内按市价等价交换的土地。具体的土地交换也有针对性出台的法案保障，例如 1983 年《小径法》（Small Tracts Act of 1983）授权处置国家森林体系下的 16.19 公顷的土地；其他还有 1958 年《小镇法》（Townsites Act of 1958）、《教育土地授予法》（Education Land Grant Act）等。20 世纪早期，国家森林体系的土地灵活处置的空间更大。但 1976 年《国家森林管理法》（National Forest Management Act of 1976）限制了一些处置权，如土地从森林转为公共用地原先可由总统发行政令而实施，但法案出台后，这一转变必须由国会出台法案才可实施。

国家土地管理局拥有以下土地处置权：①在《联邦土地政策和管理法》授权下售出或与私人交换土地[①]，售出和交换的土地是相对地处偏僻、开发不易，原机构不再需要且不适合交由其他机构管理，售出后综合利用价值更高的土地。②出于公共利益，将土地转移给其他州、县、市的政府或非营利组织管理。③《一般采矿法》（General Mining Law of 1872）授权的特许经营。④地理位置限制下的土地出售，如《内华达州南部公有土地管理法》赋予国家土地管理局和州政府对拉斯维加斯附近土地的出售和交换权。

表 4-5　1990—2015 年各机构管理的联邦土地面积变化情况　　　　单位：英亩

	1990 年	2000 年	2010 年	2015 年	1990—2015 年	变化率/%
土地管理局	272029418	264398133	247859076	248345551	−23683867	−8.7
林务署	191367364	192355099	192880840	192893317	1525953	0.8
鱼和野生动物管理局	86822107	88225669	88948699	89092711	2270604	2.6
国家公园管理局	76133510	77931021	79691484	79773772	3640262	4.8
国防部	20501315	24052268	19421540	11368434	−9132881	−44.5
总计	646853714	646962190	628801839	621473785	−25379929	−3.9

资料来源：Vincent C H et al.，Federal land ownership：Overview and data[R]. Congressional Research Service Report，2017。

---

① 与私人交换土地，是一种以物易物，以解决偏好土地的人不想用货币结算的问题。

2. 土地所有和分级利用

美国的国土有超过一半为私人所有。公有土地主要包括：提供公共服务的区域、未利用的区域和私人无法利用的区域，由联邦、州和地方政府进行管理。一般情况下，国际组织（如联合国环境规划署、世界自然保护联盟）的统计中仅涉及由联邦管理的陆地保护区域。而联邦设立各类不同约束程度的保护地，则出于在保护与利用、大众利益与地方利益之间进行权衡考量。此外，美国政府机构或保护组织也通过私人土地信托和保护地役权等方式，对私有土地进行保护管理。州政府与地方政府对各自辖区内划建为保护地的公园、森林、野生动物区域和其他资源管理区进行管理。

根据国会法律，联邦土地按利用程度不同分为三类进行管理：多重利用（multiple-use）、适度利用（moderately restricted-use）和限制利用（restricted-use）。

多重利用指对地面和地下资源的可持续管理，以满足当代和未来人们的共同需求，以确保在不断变化的需求和现实条件下预留足够调整的空间。多重利用土地主要包括国家森林、草原和国家资源土地三类，允许采伐、采矿、畜牧养殖、种植、石油天然气开采、休闲、捕猎、捕鱼等多种活动。

适度利用土地主要包括国家野生动物庇护所。在庇护所内，捕猎、垂钓等活动都受到限制，以维持健康野生动物种群数量，进而维持生态平衡。

限制利用土地包括国家公园系统和国家原野地保护系统。国家公园系统包含大型国家公园和国家休闲地、遗址地、纪念地等类型的保护地。国家原野地保护系统包括国家森林和国家公园内部道路不可通达的区域。机动车和各类设施在原野地中是被禁止的。

3. 土地使用权

除分级利用的构架外，保护地管理机构还使用了诸多机制，以解决开发和保护之间的矛盾。以下简单介绍国家公园管理局开发特许经营权的案例。1965 年，《国家公园管理局特许事业决议法》颁布实施，《法案》要求在国家公园体系内全面实行特许经营制度，公园内的餐饮、住宿、交通、纪念品商店以及其他服务的经营必须以公开招标的形式选择经营者。目前美国国家公园管理局已经在其所辖的 100 多个保护地中开展了特许经营项目，共签有 600 多份特许合同，为游客提供食物、住宿、交通、购物和其他服务。这些特许经营商总计雇用大约 25000 名员工，每年收入约 13 亿美元，其中向政府缴纳的特许经营费用是每年 8000 万美元。根据《国家公园特许经营管理改善法》（Concessions

Management Improvement Act），在国家公园范围内的特许经营活动仅限于那些有助于公众享用国家公园自然与人文资源的住宿及有关服务设施；同时必须符合国家公园保护资源和公园价值的最高且实际的标准。

4.3.4 财政收支

1. 经费来源及分配

四大管理机构的经费主要来自国会直接拨款，以及个人和团体志愿捐赠的钱款。例如，联邦政府每年对国家公园的拨款占整个公园运作资金的 70%～80%。此外，国家公园管理局以及鱼和野生动物管理局的收入还包括在国家公园或国家野生动物庇护所收取的门票费用和服务费用。而美国土地管理局经费实行"收支两条线"政策。虽然土地管理局每年从管理的土地中得到的收入高达几十亿美元，但是这些收入都直接进入联邦财政，其支出的资金主要来源于国会的拨款，少部分来自于为其他政府机构和公众提供服务的补偿费、国会授权的收费和捐赠。

由国会下拨的经费以基金，或专项费用的名目进入保护地管理部门的财政体系。国会一般性拨款中的所有经费需要按照国会的使用方法说明进行分配。例如，美国收购土地的主要资金来源于"土地和水源保持基金"（Land and Water Conservation Fund），这一基金每年有大约 9 亿美元的预算。基金的主要经费来源如下：①汽油燃料税；②出售联邦不动产盈余；③外大陆架油气租赁费用。用于建设和保护野生鸟类栖息地的"候鸟保护基金"（Migratory Bird Conservation Fund）主要从以下方面获得资金：①出售鸭票（进行水禽狩猎需要的联邦邮票）；②火器和弹药的进口关税；③普通基金的拨款；④地役权的处置，以及盈余保护区土地的出售；⑤每财政年度某一州没有花费完的联邦援助资金。用于保护地的基金经费来源体现了生态补偿的理念。

在私人捐款方面，以国家公园基金会为例。国家公园基金会于 1967 年由国会批准成立，是与国家公园管理局合作的以慈善为目的的非营利组织，为保护国家公园提供私人资金。企业、科研机构、非政府组织等私人机构或个人主要通过国家公园基金会与国家公园管理局进行合作，为国家公园的管理活动提供资金、技术和人力的支持。

2. 收入来源

国家公园管理局、鱼和野生动物管理局的收入来源包括门票收入和经营性收入。对国家公园门票的收费标准，国会有专门的立法，确定了哪些地方不能收费，收费的地方应遵循什么样的原则，有的还确定了最高限额，国家公园管理局根据立法确立的原则制定门票定价指南①。对于营业性收入，两个机构有不同的来源。鱼和野生动物管理局通过野生动物和鱼类恢复计划，征收数亿美元的捕捞和狩猎设备的消费税，并且向设立在各州的下辖机构分发。国家公园管理局通过特许经营权，解决了部门 20%左右的运营经费。美国国会在 1965 年通过了《特许经营法》（Concession Policy Act），允许私营机构采用竞标的方式，缴纳一定数目的特许经营费，以获得在公园内开发餐饮、住宿、河流运营、纪念品商店等旅游配套服务的权利。目前，国家公园管理局的商业服务计划（Commercial Services Program）中有三种主要载体：特许经营合同、商业利用授权、租赁。其中特许经营合同超过 500 项，在游客高峰季节会雇用超过 25000 名职工，经营着国家公园里的餐饮住宿、各种户外活动，以及零售交通等商业活动。

林务署的主要收入来源是采伐收入和经营收入。在税收上，美国法律规定对国有林实行免税政策。

土地管理局的主要收益来源包括氦气销售、公有土地与资源的销售、矿业权持有费、木材和原材料出售取得的收入以及其他一些杂项收入。在土地管理局所辖的可供娱乐的国有土地中，有超过 99%的地域不向公众收取费用。

3. 收入分配

美国国家公园从成立之初秉持公益性原则，不搞门票经济。从 1997 年以来，国家公园可以从门票及租赁使用收入中保留大约 80%用于公园维护、解说、自然生态恢复及执法。从 1998 年开始，国家公园特许经营费的 80%也可以留在园内。20%的费用收入上缴国家公园管理局用于全国重点公园的项目。两部分费用一年大约有 2.5 亿美元。这些收费被用于提升游客服务和设施。

鱼和野生动物管理局从庇护所收取的费用中至少有 80%用于庇护所建设，为游客提供优质的娱乐设施和服务，其余 20%则反哺给当地。所有费用的流向都会向公众公布。

林务署的采伐收入全部上缴财政。国有林经营收益中的 25%留给当地地方政府，作为财政补偿；其他 50%上缴联邦政府财政，纳入财政预算管理；另外 25%上缴联邦财政，建立林业基金，由国有林管理局管理，用于国有林科学研究、造林、防火和病虫害防治

---

① 按照立法规定，各公园的门票与娱乐项目收费 80%可以留在公园，用于支付公园的维护和管理开支，其余 20%上交国家公园管理局统一支配，用于援助不收费的公园。

等方面。

　　土地管理局的土地收益从最终去向来看，除正常运行开支外，主要用于两个方面：一是直接转移支付给州和地方政府，包括税收抵补支付、放牧费返还、土地购买、能源和资源收入返还等；二是以项目形式在州和地方投资，包括土地管理、自然资源保护、牧草地维护、基础设施建设、矿藏开发等（操小娟，2010）。

4.4　美国保护地管理经验对中国的借鉴

4.4.1　美国保护地管理的利弊及借鉴

　　综合上文对美国四大保护地管理机构的部门职责、人事任命、土地管理以及财政收支的梳理，可以总结为以下几方面。

　　在横向的职能分配上，美国土地管理破碎化的问题确实存在，但其通过法律、政策将土地使用限制和部门职责等细则都进行了规定，防止了权责不符、职责不清等管理上的混乱。

　　在纵向的行政管理上，美国采取中央直管的模式，国家公园等保护地土地由联邦政府授权指定的联邦机构（国家公园管理局、鱼和野生动物管理局、林务署和土地管理局）进行管理。对于某一土地及其资源的具体管理工作，上述机构通过逐层分权将权责落实到区域办公室和保护地办公室。这一方面能够减少中央的管理压力与成本，同时也充分利用了自下而上汇集的信息，加强了资源利用和保护决策。另外，美国联邦保护地的总体面积占比大，尤其是在西部各州。这可能限制了地方的经济发展。但在中央直管的模式下，下级机构负责人由上级机构领导任命，能够有效地减少地方对辖区内保护地管理的干预。

　　而在产权方面，美国的保护地产权较为明晰。联邦土地仍为联邦所有，四大机构虽然对辖区内的土地负责，但收购土地的权限却受到限制。而且，联邦政府对州政府或地方政府的土地也没有平调或处置权。从产权入手，是解决自然资源保护困境的有效方法。如使用保护地役权，可以部分限制私人土地利用的权力，进而以此为杠杆将更大面积的土地纳入可持续管理之中。这不仅减少了行政开支，而且由于土地继续为私人所有，纳税减少和规制冲突的问题也不严重。

　　另外，破碎化管理也会导致土地的产权镶嵌，从而带来重复建设和行政成本增加的问题。在财政预算缩减和土地综合管理效益认识提高的双重背景下，不同的土地管理机构之间发展出一种创新的土地处置模式——签订协议进行土地互换。通过互换土地，联邦土地管理机构将自身管理的土地连接起来，在解决上述问题的同时，也有利于统筹管理和生物多样性保护。国会研究中心（Congressional Research Service）和美国审计署（U.S. Government Accountability Office，GAO）发布的很多报告介绍了这方面的经验①。

4.4.2　加强部门合作

通过前文对四大机构分层职能的梳理可以发现，部门间存在一定的职能重叠。在美国保护地系统发展的早期，部门间职能重叠、法令模糊的现象引发了不同管理部门间的冲突。而且，实用和保护两种不同的宗旨、不同时期领导人的扩张主义立场都会加剧这种冲突。这种冲突主要体现在两个方面：一是争取在内阁机构重整时合并其他部门；二是争夺未确定类型的地皮。但 Kunioka 等基于国家公园管理局和林务署的历史研究，发现这两个管理部门更倾向于自治而非冲突。他们对这种现象的原因做出了如下推测：一方面，政府机构不像企业一样必须努力赢得市场竞争，优胜劣汰。高度制度化的机构也有其一脉相承的管理规范和部门文化，不愿接受工作内容上的大幅变动；另一方面，包揽更多任务会增加部门预算，增加有限的人力、物力资源的负荷，使得本来已应接不暇的组织管理更加繁忙（Kunioka，1993）。因此，美国保护地系统也可能会出现各管理部门各司其职，井水不犯河水的现象。虽然职能重叠会带来一定程度的资源浪费，但重叠的职能也反映了一种分权独立的管理思想，政策效果的差异对管理欠佳的部门形成了考评压力。

综上所述，职能重叠的多部门管理中，冲突和自治并不是绝对的。但职能重叠带来的破碎化管理现象，却毫无疑问会增加行政成本。加强部门间的合作，是美国解决职能重叠问题的关注点。而这种合作，不仅仅局限于美国国家公园管理局、林务署、土地管理局以及鱼和野生动物管理局这四个涉及土地管理的部门，还包括当地的政府机构、非营利组织等团体。为此，联邦政府作了以下尝试：制定统一的法律法规和明晰的政策指南、签署合作协议以及加强信息共享。另外，他们也探讨了外包和部门合并的可行性。下面介绍几个部门合作的实例：

大黄石协调委员会（Greater Yellowstone Coordination Committee）的成立。通过签署谅解备忘录，国家公园管理局和林务署、鱼和野生动物管理局及土地管理局合作共管

---

① 如 2016 年国会研究中心的报告 Land Exchanges：Bureau of Land Management（BLM）Process and Issues。

大黄石地区，并成立了大黄石协调委员会。该委员会的功能包括提供跨边界的生态系统管理决策；跨部门的合作协调机制以及基于科学研究的评估—决策—监测体系。委员会每年会召开会议安排四大机构的官员与当地团体、NGO 和科研工作者商议大黄石区域的生态系统管理事务。委员会下设多个专业委员会，主要任务包括制定规划与管理标准、协调行动，实现对主要生态系统议题的分项管理，涵盖水生入侵物种、陆生入侵物种、清洁空气、防火安全、渔业、水文、白皮松保护、可持续经营等方面。另外，也有其他专业组织在委员会的统一协调下参与到当地管理中，如跨部门的灰熊委员会等。

防火联盟（National Wildfire Coordinating Group）的形成。防火联盟包括来自林务署、土地管理局、国家公园管理局、印第安事务管理局、鱼和野生动物管理局、州森林联合会的代表。由内务部和农业部特许。设立机构间消防资质评级体系，建立一系列消防培训班（如基地野外消防课程），在亚利桑那州马拉纳设立机构间消防训练中心，出版培训手册，如"消防手册"。

可进入不同类型保护地的通票的发放。拥有通票者可减免国家公园和国家野生动物庇护所的门票，免费使用国家森林和草原的标准设施，以及享有土地管理局和美国陆军工程兵团管理的土地上的部门服务。通票可在 2000 多个联邦保护地特许游憩区使用。

接壤地区的协作管理。比如，在与国家森林毗邻的国家古迹的监督管理和控制中，农业部相关机构可以在指定范围内与国家公园管理局开展合作。

第5章　我国自然保护管理体制改革方向和路径分析

关于我国自然环境管理体制改革，目前有几家研究单位已经提出一些方案，包括中科院政策所、环境保护部规划院、国务院发展研究中心资源与环境政策研究所等，这几套方案的共同点有两个：一是大部制；二是强调资源的所有者和管理者水平分离。作为大部制管理的代表方案，本书借鉴中科院政策所提出的方案作为方案 I（中国科学院可持续发展战略组，2015）；方案 I 建议组建"自然生态与环境保护部"，将目前分散在各职能部门的自然资源和生态保护的权责集中到该部门，同时合并目前的以环境污染防治为主的环境保护部，因为该方案将与自然资源、生态系统、环境污染等所有与保护有关的权责集中在一个机构，因此在本书称为大部制方案。

与之相对应的，我们提出了一套将自然生态保护作为独立管理部门，且将资源所有者和管理者的职能合并的改革方案，本书称之为方案 II。方案 II 建议组建独立的"自然生态保护部"，将目前分散在各职能部门的自然资源和生态保护的权责集中到该部门单独管理，环境保护部依然保留，本书称该方案为自然保护独立部门方案。

为了验证上述方案是否能落地，我们运用这两套方案，结合保护地的具体问题，分别对保护地管理模式进行具体设计，通过收益（对现存问题的改进程度）和制度成本两方面的比较，来对比这两套方案的异同，并在此基础上提出政策建议。

5.1　大部制的管理体制（方案 I）及相应的保护地管理模式设计

如图 5-1 所示，在方案 I 中，决策者（O 部门）、执行者（M 部门）和监督者（C 部门）是国务院直属并相互独立的部门。国务院下设的自然资源资产委员会（O 部门）代行资源和资产（含公益性自然资源和经营性自然资产）所有者职责；自然生态与环境保护部（M 部门）是资源的管理执行者，职责是自然资源与生态保护、环境污染防治；

自然生态与环境质量监督中心（C 中心）是资源管护的监督者，职责是监测、评估和预警。C 中心设置的原因是当前生态环境的监测存在数据缺失、失真、不一致、造假等问题，在生态环境的监测上需要突出"独立"和"统一"（中国科学院可持续发展战略组，2015）。建立统一的生态环境质量类监测数据信息平台，将现有的农业、林业、国土、水利、海洋等部门中的生态环境治理监测职能剥离，与生态环境保护质量类监测数据整合，形成独立高效的生态环境监测体系。

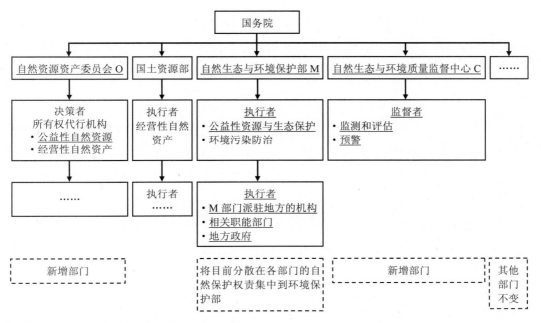

注：图中标下划线部分代表与自然保护相关的机构和职能。

图 5-1　自然保护管理体制改革方案设计（方案Ⅰ）

在此顶层方案下，根据表 5-1 进行保护地管理模式的设计。

如表 5-1 所示，结合保护地管理的实际工作要求，具体权责划分如下：所有权代行机构具有占有权和收益权，是决策者，负责规划全国保护地数量面积及总体空间布局、集体土地划定为保护地后的赎买/租赁、后续的保护地范围调整及资源使用性质变更、收益分配；执行者具有资源管理权、使用权以及保障社区发展的权利，负责每个保护地总体规划，法律、法规、条例的起草，政策、技术规范的制定，保护管理工作的执行、执法，监督经营者，并负责社区发展；特许经营者具有资源的经营使用权，对资源进行经营性使用；监督者受所有者委托监督管理者，制定监督自然资源资产监测指标、评估环境质量、进行环境灾害预警，并提供应急措施，向公众发布环境质量信息。

除了上述机构设置及权责划分，体制设计还要包括资源权属、经费机制与人事任命，分别从两条线的角度出发，即结合横向部门之间的关系和纵向中央与地方的关系，提出各种可能的改革方案。其中，横向关系分为主管部门统一管理和以国家主管部门为主的跨部门管理，纵向关系分为中央直管和中央与属地管理相结合的管理方式。

对横向关系和纵向关系进行不同形式的组合，共有四种可能的方案（图5-2）：主管部门中央直管（A1+B1）（表5-2）；以主管部门为主的跨部门中央直管（A2+B1）（表5-3）；主管部门中央与属地管理相结合（A1+B2）（表 5-4）；以主管部门为主的跨部门中央与属地管理相结合（A2+B2）（表5-5）。

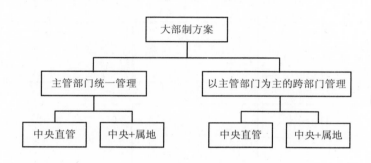

图 5-2　方案 I 方案设计

5.1.1　主管部门中央直管

本方案为表 5-1 中的 A1 和 B1 的组合，即国务院下设自然保护综合管理机构"自然生态与环境保护部"（国家 M 部门）作为主管部门，采取主管部门中央直管的管理模式（表5-2）。

1. 具体模式

在资源权属方面，O 部门是所有权代行机构，具有占有权、获益权；M 部门和 M 部门派驻地方的机构具有管理权、使用权（委托给特许经营者）、保障社区发展的权利。

表 5-1　方案 I：保护地管理模式改革方案设计

		资源权属	权责划分①	经费机制②	人事任命
横向关系（不同部门间）	A1	主管部门统一管理 — 所有权代行机构：O部门；O部门：占有权、获益权；M部门：管理权、使用权（委托给特许经营者），保障社区发展的权利	O部门：决策者，负责全国保护地数量面积及总体空间布局，集体土地划定为保护地后的赎买/租赁、整及资源使用性质变更、收益分配；M部门：执行者，负责每个保护地总体规划、政策技术规范制定，保护管理工作的执行/执法，监督经营者，社区发展；特许经营者：资源的经营性使用；C中心：监督管理者	支出：取决于中央地职责；收益分配：取决于中央地职责	M部门：提名各保护地领导人；地方政府：认可
	A2	以主管部门为主的跨部门管理 — 所有权代行机构：O部门；O部门：占有权、获益权；M部门、相关职能部门：管理权、使用权（委托给社区发展经营者），保障社区发展的权利	O部门：决策者，负责全国保护地数量面积及总体空间布局，集体土地划定为保护地后的赎买/租赁、整及资源使用性质变更、收益分配；M部门：执行者，负责每个保护地总体规划；相关职能部门：政策技术规范制定；相关职能部门：执行者，保护管理工作的执行/执法，监督经营者；社区发展：取决于地关系；特许经营者：资源的经营性使用；C中心：监督管理者	支出：M部门和相关职能部门承担各自职责执行所需经费；以纵向及横向关系；收益分配：取决于纵向及横向关系	相关职能部门：提名；地方政府：认可

			资源权属	权责划分①	经费机制②	人事任命
纵向关系（中央与地方）	B1	中央直管	所有权代行机构: O 部门; O 部门: 占有权、获益权; M 部门, M 部门派驻地方的机构或相关职能部门（取决于横向关系）: 管理权、使用权（委托给特许经营者）、保障社区发展的权利	O 部门: 决策者, 负责全国保护地数量面积及总体空间布局, 集体土地划定为保护地后的赎买/租赁, 后续的保护地范围调整及资源使用性质变更、收益分配; M 部门: 执行者, 全国保护地总体规划、法律/法规/条例起草、政策/技术规范制定; 保护管理工作的执行/执法、监督经营者、社区发展: M 部门间具体分工取决于横向关系; 特许经营者: 资源的经营性使用; C 中心: 监督管理者	支出: 中央; 收益分配: 取决于横向关系	M 部门或相关部门（取决于横向关系）: 提名; 地方政府: 认可
	B2	中央+属地管理	所有权代行机构: O 部门; O 部门: 占有权、获益权; M 部门, M 部门派驻地方的机构或相关职能部门（取决于横向关系）、地方政府: 管理权、使用权（委托给特许经营者）、保障社区发展的权利	O 部门: 决策者, 负责全国保护地数量面积及总体空间布局, 集体土地划定为保护地后的赎买/租赁, 后续的保护地范围调整及资源使用性质变更、收益分配; M 部门: 执行者, 全国保护地总体规划、法律/法规/条例起草、政策技术规范制定; 保护管理工作的执行/执法、监督经营者: M 部门及相关职能部门间具体分工取决于横向关系; 地方政府: 执行者, 社区发展, 配合 M 部门或相关职能部门工作; 特许经营者: 资源的经营性使用; C 中心: 监督管理者	支出: 中央与地方共同财政, 承担各自职责执行所需经费; 收益分配: 由地方政府支配	M 部门或地方政府, 承 M 部门（取决于横向关系）: 提名; 地方政府: 认可

注: ①权责划分的具体阐释见正文第五章第六段。
②经费机制的具体阐释见正文第一章制度设计原则和模式设计框架。

表5-2 方案 I：主管部门中央直管（A1+B1）的保护地管理模式

		资源权属	权责划分	经费机制	人事任命
横向关系（不同部门间）	A1	主管部门统一管理	所有权代行机构：O部门；O部门：占有权、获益权；M部门：管理权、使用权（委托给特许经营者）、保障社区发展的权利	O部门：决策者，负责全国保护地数量面积及总体空间布局、集体土地划定为保护地质变更、后续的保护地范围调整及资源使用性质变更、收益分配；M部门：执行者，负责每个保护地的赎买/租赁，法律法规/条例起草、政策技术规范制定、保护管理工作的执行/执法、监督经营者、社区发展；特许经营者：资源的经营性使用者；C中心：监督管理者	支出：取决于央地职责；收益分配：取决于央地职责	M部门：提名各保护地领导人；地方政府：认可
纵向关系（中央与地方）	B1	中央直管	所有权代行机构：O部门；O部门：占有权、获益权；M部门、M部门派驻地方能职能部门的机构或相关机构（取决于横向关系）：管理权、使用权（委托给特许经营者）、保障社区发展的权利	O部门：决策者，负责全国保护地数量面积及总体空间布局、集体土地划定为保护地质变更、后续的保护地范围调整及资源使用性质变更、收益分配；M部门：执行者，全国保护地总体规划、法律法规/条例起草、政策技术规范制定；保护管理工作的执行/执法、监督经营者、社区发展：M部门间具体分工取决于横向关系；特许经营者：资源的经营性使用者；C中心：监督管理者	支出：中央；收益分配：取决于横向关系	M部门或相关部门（取决于横向关系）：提名；地方政府：认可
	A1+B1	主管部门中央直管	所有权代行机构：O部门；O部门、M部门、M部门派驻地方的机构：占有权、获益权；管理机构：管理权、使用权（委托给特许经营者）、保障社区发展的权利	O部门：决策者，负责全国保护地数量面积及总体空间布局、集体土地划定为保护地质变更、后续的保护地范围调整及资源使用性质变更、收益分配；M部门：执行者，全国保护地总体规划、法律法规/条例起草、政策技术规范制定；M部门派驻地方的机构：执行者、保护管理工作的执行/执法、督经营者、社区发展；特许经营者：资源的经营性使用；C中心：监督管理者	M部门代表中央经费支出有经费支出；收益在全国保护地系统内二次分配	M部门：提名各保护地领导人；地方政府：认可

表5-3　方案Ⅰ：以主管部门为主的跨部门中央直管（A2+B1）的保护地管理模式

		资源权属	权责划分	经费机制	人事任命
横向关系（不同部门间）	A2 以主管部门为主的跨部门管理	所有权代行机构：O部门；O部门：占有权、相关职能部门、收益权；M部门：相关职能部门、管理权、使用权（委托给部门、特许经营者）、保障社区发展的权利	O部门：决策者，负责全国保护地数量面积及总体空间布局，集体土地划定为保护地后续的赎买相责、用性质变更、收益分配；M部门：执行者，负责每个保护地后续的保护地范围调整及资源使政策/技术规范制定相关职能部门：执行者，保护管理工作的执行/执法、监督经营者、社区发展：取决于央地关系；特许经营者：资源的经营性使用；C中心：监督管理者	支出：M部门和相关职能部门承担各自职责执行所需经费；及纵向关系；收益分配：取决于纵向及横向关系	相关职能部门：提名；地方政府：认可
纵向关系（中央与地方）	B1 中央直管	中央直管 所有权代行机构：O部门；O部门：占有权、收益权、M部门，M部门派驻地方的机构或相关职能部门的机构（取决于横向关系）：管理权、使用权（委托给社区经营者）、保障社区发展的权利	O部门：决策者，负责全国保护地数量面积及总体空间布局，集体土地划定为保护地后续的赎买相责、用性质变更、收益分配；M部门：执行者，全国保护地总体规划，法律/法规/条例起草，策技术规范制定保护管理工作的执行/执法，监督经营者，社区发展，部门间具体分工取决于横向关系；特许经营者：资源的经营性使用；C中心：监督管理者	支出：中央；收益分配：取决于横向关系	M部门或相关部门（取决于横向关系）：提名；地方政府：认可
	A2 + B1 以主管部门为主的跨部门中央直管	以主管部门为主的跨部门中央直管 所有权代行机构：O部门；O部门：占有权、收益权、M部门：相关职能部门、管理权、使用权（委托给特许经营者）、保障社区发展的权利	O部门：决策者，负责全国保护地数量面积及总体空间布局，集体土地划定为保护地后续的赎买相责、用性质变更、收益分配；M部门：执行者，全国保护地总体规划，法律/法规/条例起草，策技术规范制定相关职能部门：执行者，保护管理工作的执行/执法，监督经营者，社区发展；特许经营者：资源的经营性使用；C中心：监督管理者	支出：M部门和相关职能部门承担各自职责执行所需经费；收益：在相关职能部门辖的保护地内进行二次分配	相关部门：提名；地方政府：认可

表 5-4　方案 I：主管部门中央与属地管理相结合（A1+B2）的保护地管理模式

		资源权属	权责划分	经费机制	人事任命
横向关系（不同部门间）	A1 主管部门统一管理	所有权代行机构：O部门；O部门：占有权、获益权、使用权；M部门：管理权、使用权（委托给特许经营者、保障社区发展的权利）	O部门：决策者，负责全国保护地数量面积及总体空间布局，集体土地划定为保护地后的赎买性质变更、收益分配；M部门：执行者，负责每个保护地总体规划，法律/法规/条例起草，政策技术规范制定，保护管理工作的执行/执法、监督经营使用者，社区发展；特许经营者：资源的经营性使用者；C中心：监督管理者	支出：取决于中央地方职责；收益分配：取决于中央地方职责	M部门：提名各保护地领导人；地方政府：认可
纵向关系（中央与地方）	B2 中央+属地管理	所有权代行机构：O部门；O部门：占有权、获益权；M部门、M部门派驻地方部门的机构、地方政府：管理（取决于横向关系）、地方政府：管理权、使用权（委托给特许经营者）、保障社区发展的权利	O部门：决策者，负责全国保护地数量面积及总体空间布局，集体土地划定为保护地后的赎买性质变更、收益分配；M部门：执行者，全国保护地总体规划、法律法规、条例起草，政策技术规范制定，保护管理工作的执行/执法，监督经营者；M部门间具体分工取决于横向关系，部门间具体分工取决于横向关系，地方政府：执行者，社区发展；特许经营者：资源的经营性使用者；C中心：监督管理者	支出：中央与地方共同财政，承担各自职责执行所需经费；收益分配：由地方政府支配	M部门或相关部门（取决于横向关系）：提名；地方政府：认可
	A1+B2 主管部门中央与属地管理相结合	所有权代行机构：O部门；O部门：占有权、获益权；M部门、M部门派驻地方的机构、地方政府：管理权、使用权（委托给特许经营者）、保障社区发展的权利	O部门：决策者，负责全国保护地数量面积及总体空间布局，集体土地划定为保护地后的赎买性质变更、收益分配；M部门：执行者，全国保护地总体规划，法律法规、条例起草，政策技术规范制定，保护管理工作的地方机构：执行者，保护管理工作的执行/执法，监督经营者；地方政府：执行者，社区发展，配合M部门工作；特许经营者：资源的经营性使用者；C中心：监督管理者	支出：中央与地方共同财政，承担各自职责执行所需经费；收益：由地方政府支配。以体现公益属性为最终目标（低票价，保护收益返还保护），分阶段渐行推进	M部门：提名；地方政府：认可

表 5-5 方案 I：以主管部门为主的跨部门中央与属地管理相结合（A2+B2）的保护地管理模式

		资源权属	权责划分	经费机制	人事任命
横向关系（不同部门间）	A2 以主管部门为主的跨部门管理	所有权代行机构：O 部门；O 部门：占有权、获益权；M 部门、相关职能部门：管理权、使用权（委托给特许经营者）、保障社区发展的权利	O 部门：决策者，负责全国保护地数量面积及总体空间布局、集体土地划定为保护地后的赎买相赁、收益分配、范围及资源使用性质变更、后续的保护地范围调整及资源使用；M 部门：执行者，负责每个保护地总体规划、法律法规、条例起草、政策/技术规范制定；相关职能部门：保护管理工作的执行执法、监督经营者；社区发展：取决于中央地关系；特许经营者：资源的经营性使用者；C 中心：监督管理者	支出：M 部门和相关职能部门承担各自职责执行所需经费；及纵向及横向关系；收益分配：取决于纵向及横向关系	相关职能部门：提名；地方政府：认可
纵向关系（中央与地方）	B2 中央+属地管理	所有权代行机构：O 部门；O 部门：占有权、获益权；M 部门，M 部门派驻地方的机构或相关职能部门的机构（取决于横向关系）、地方政府：管理权、使用权（委托地方政府），保障特许经营者）、托给特许经营者、社区发展的权利	O 部门：决策者，负责全国保护地数量面积及总体空间布局、集体土地划定为保护地后的赎买相赁、收益分配、范围及资源使用性质变更、后续的保护地范围调整及资源使用；M 部门：执行者，全国保护地总体规划、法律法规/条例起草、政策/技术规范制定；保护管理工作的执行执法、监督经营者：M 部门及相关职能部门、部门间具体分工取决于横向关系；地方政府：执行者、社区发展、配合 M 部门或相关职能部门工作；特许经营者：资源的经营性使用者；C 中心：监督管理者	支出：中央与地方共同财政、承担各自职责执行所需经费；收益分配：由地方政府支配地方政府	M 部门或相关部门（取名）：提名；地方政府：认可

	资源权属	权责划分	经费机制	人事任命
A2 + B2	以主管部门为主的跨部门中央与地方管理相结合 所有权代行机构：O 部门； O 部门：占有权、获益权； M 部门、相关职能部门、地方政府：管理权、使用权（委托给特许经营者）、保障社区发展的权利	O 部门：决策者，负责全国保护地数量面积及总体空间布局、集体土地划定为保护地后的赎买相赁、后续的保护地范围调整及资源使用性质变更、收益分配； M 部门：执行者，全国保护地总体规划、法律法规/条例起草、政策技术规范制定； 相关职能部门：执行者，保护管理工作的执行者； 地方政府：执行者，社区发展，配合相关职能部门工作； 特许经营者：资源的经营性使用； C 中心：监督管理者	支出：中央与地方共同财政； 中央经费由 M 部门能部门和相关职能部门按照各自职责共同财政； 收益：由地方政府支配。以同财政； 收益：由地方政府支配。以体现公益属性为最终目标（低票价、保护收益返还保护），分阶段渐行推进	相关职能部门：提名； 地方政府：认可

在权责划分方面，O 部门是决策者，职责是负责全国保护地数量面积及总体空间布局、集体土地划定为保护地后的赎买/租赁、后续的保护地范围调整及资源使用性质变更、收益分配；M 部门是执行者，职责是制定全国保护地总体规划，法律/法规/条例起草，政策、技术规范制定；M 部门派驻地方的机构是执行者，职责是执行保护管理工作的、日常执法、监督经营者和促进社区发展；特许经营者具有资源的经营使用权，对资源进行经营性使用；C 中心是监督者，受所有者委托监督管理者，职责是制定监督自然资源资产监测指标、评估环境质量、进行环境灾害预警，并提供应急措施，向公众发布环境质量信息。

在经费机制方面，国家 M 部门代表中央负责保护地的所有经费支出，收益在全国保护地系统内二次分配。

在人事任命方面，各保护地的一把手由国家 M 部门提名，由地方政府组织部门认可。保护地管理局的其他负责人及下级单位负责人，可以由地方长官兼任，有利于协调保护与发展的关系。

2. 合适的保护地类型

该模式适合的保护地类型，应该是具有最为重要的保护价值的国家级自然保护区或者国家公园。同时建议考虑的方面包括：集体土地比例较少、社区人口密度低或者对于资源的直接依赖性弱、跨行政边界。例如，大熊猫国家公园、东北虎豹国家公园、三江源国家公园、祁连山国家公园等。

3. 对现有问题改进以及可能带来的新问题

针对第 2 章所分析的我国保护地现存问题，分析主管部门中央直管的模式对于以下四方面问题的改进程度：①央地权责划分；②部门间权责划分；③保护与发展的协调；④全民公益属性的彰显。其中前两个方面是针对制度过程的问题，后两个方面是针对制度结果的问题。同时，任何一个改革模式都不可能没有缺点，在改进现有问题的同时，也可能会带来新的问题。表5-6总结了本模式对于现有问题的改进，同时也指出可能带来的新问题。

（1）在中央和地方权责划分方面。在资源权属方面，实施主管部门中央直管的管理模式，明确中央直接行使保护地内全民资源的所有权，因此将彻底改进现有的资源权属不明晰的问题，使全民自然资源的管理得到保障。但是，同时可能会带来的问题是，地方政府会对中央"拿走"当地的"明珠"资源的行为产生抵触。尤其是对于那些地方财政较大程度上依赖保护地门票和特许经营收益的地方政府，一旦资源权属收归中央，收益随之被纳入中央财政，会给地方财政收入带来较沉重的打击，地方政府可能会产生抵触情绪，会产生保护管理工作的激励不相容的问题。在经费机制方面，实施主管部门中央直管的管理模式，会彻底改进现有的经费保障机制不健全的问题。但是，可能带来的问题是，阻碍地方政府对于保护的责任及积极性的发挥。由于地方政府既不承担经费支出，也不参与收益分配，在制度上没有形成对于保护工作的激励。

（2）在部门间权责分工方面。实施主管部门中央直管的管理模式，会彻底改进现有的按照生态系统类型分部门管理及其导致的生态系统管理破碎化的问题。但是可能带来的问题是，对于行业性依赖较强的保护地，将极大增加管理成本。例如，海洋类型的保护地，如果不依赖原有的海洋部门管理，日常巡护及执法等工作将会给 M 部门的管理带来较高的成本。实施主管部门中央直管的管理模式，可以彻底改进"一块保护地多个牌子，导致管理目标不一致"的问题；同样，可以彻底改进现有的保护工作在各职能部门地位较弱的问题。但是为了达到制度制衡，需要一个独立于 M 部门的机构来监管 M 部门的管理工作，这也是建立 C 中心的原因。

（3）在保护与发展的协调方面。实施主管部门中央直管的管理模式，对于保护的重视程度得到提高；通过转移支付，社区居民生活能够得到保障。但是可能带来的问题是，大量资金投入或许会弱化社区发展能力。如三江源的一户一岗的生态管护员设置在高城镇化率的背景下形同虚设，沦为民生扶贫工程。一方面提高了保护成本；另一方面大量资金进入，使得当地居民有"被养起来"的感觉，弱化了社区自主发展能力。另外，由于地方政府不参与保护地收益分配，所以在保护地突发应急事件上缺乏配合的积极性，如对火灾、洪水等自然灾害的救助。

（4）在全民公益属性的彰显方面。实施主管部门中央直管的管理模式，能够实施不以盈利为目的的低票价制度，同时实现保护地收益归全民所有的公益属性，因此将彻底改进目前门票及特许经营收益分配未体现公益性的问题。但是，由于收益归所有者支配，由中央在全国保护地系统内二次分配，对于依赖于门票的当地财政会产生消极的影响。实施主管部门中央直管的管理模式，可能会改进科学研究水平较低的问题。这是因为无论主管部门管理还是跨部门管理、中央直管还是属地管理，要保障有良好科学研究水平，还需要有相关的机制设计。同样，该方案可能会改进公众科普工作不到位的问题。这是因为公众科普宣传，除了与体制有关，还取决于相关的管理机制。

表 5-6　方案 I：主管部门中央直管方案的利弊

目前存在的问题	对现有问题的改进程度	可能带来的新问题
1. 中央与地方权责划分		
经费保障机制不健全	彻底改进	阻碍地方政府对于保护的责任及积极性的发挥
资源权属不明晰	全民自然资源的管理得到保障	地方政府对于中央"拿走"当地的"明珠"资源，可能产生抵触
2. 部门间权责分工		
按照生态系统类型分部门管理，生态系统管理破碎化	彻底改进	对于行业性依赖较强的保护地，比如海洋类保护地，不依赖原部门管理，巡护工作将极大增加管理成本
一块地多个牌子，导致管理目标不一致	彻底改进	—
保护工作在各行业部门的地位较弱	彻底改进	谁来监管国家 M 部门的管理效果？
3. 保护与发展的协调	对于保护的重视程度得到提高；社区居民生活能够得到保障	对于依赖门票的当地财政会产生影响；大量资金投入或许会弱化社区发展能力；突发应急事件需要当地政府配合，如跨边界森林火灾、病虫害防疫等
4. 全民公益属性的彰显		
门票公益性质（不以营利为目的低票价制）未体现	彻底改进	对于依赖门票的当地财政会产生影响
门票及特许经营的收益分配（在全国保护地系统内二次分配）不明确	彻底改进	对于依赖门票的当地财政会产生影响
科学研究水平较低	可能改进	—
科普宣传不到位	可能改进	—

5.1.2　以主管部门为主的跨部门中央直管

本模式为表 5-1 中的 A2 和 B1 的组合，国务院下设直属自然保护综合管理机构（国家 M 部门），采取以国家 M 部门为主的跨部门中央直管的管理模式，具体见表 5-3。

1. 具体模式

在资源权属方面，O 部门是所有权代行机构，具有占有权、获益权；M 部门和相关职能部门具有管理权、使用权（委托给特许经营者）、保障社区发展的权利。

在权责划分方面，O 部门是决策者，职责是负责全国保护地数量面积及总体空间布局、集体土地划定为保护地后的赎买/租赁、后续的保护地范围调整及资源使用性质变更、收益分配；M 部门是执行者，职责是制定全国保护地总体规划，法律/法规/条例起草，政策、技术规范制定；相关职能部门是执行者，职责是执行保护管理工作、日常执法、监督经营者和促进社区发展；特许经营者具有资源的经营使用权，对资源进行经营性使用；C 中心是监督者，受所有者委托监督管理者，职责是制定监督自然资源资产监测指标、评估环境质量、进行环境灾害预警，并提供应急措施，向公众发布环境质量信息。

在经费机制方面，国家 M 部门和相关职能部门承担各自职责执行所需经费，收益在相关行业部门管辖的保护地内进行二次分配。

在人事任命方面，保护地的一把手由具体负责资源管理的执行部门提名，由地方政府组织部门认可。保护地管理局的其他负责人及下级单位负责人，可以由地方长官兼任，有利于协调保护与发展的关系。

2. 合适的保护地类型

具有非常重要的保护价值的国家级自然保护区或者国家公园，以及日常资源管理尤其是巡护工作对于行业依赖性较强的少数保护地，如海洋类保护地，为了实现更低的管理成本和更好的保护效果，建议采取主管部门（自然生态保护部）与相应的海洋等职能部门相结合的模式，主管部门负责保护地总体空间布局、保护地功能区和范围调整、资源使用性质变更、保护地总体规划、法律/法规/条例起草、政策/技术规范的制定，以及对于相应职能部门保护工作的监管等；相应职能部门（海洋和水利）负责保护工作的执行、日常执法和监督资源使用者和经营者。

3. 对现有问题改进以及可能带来的新问题

表 5-7 总结了本模式对于现有问题的改进，同时也指出可能带来的新问题。

（1）在中央与地方权责划分方面。在资源权属和经费保障机制方面，本模式对于现有问题的改进程度，与上述主管部门中央直管的模式相同。与主管部门中央直管不同之处在于，跨部门的合作需要各部门承担各自职责所需经费，收益需要在相关部门管辖的保护地内进行二次分配，需要明确各部门具体的经费支出和收益的划分机制。

（2）在部门间权责分工方面。与以往多部门在一块保护地共同行使管理职责因此导致"九龙治水"的局面不同，实施以 M 部门为主的跨部门中央直管的管理模式，M 部门和职能部门行使执行者的职能。因此，与主管部门中央直管模式相同，本模式同样会彻底改进"一块保护地多个牌子"的问题，同时也避免了现有的按照生态系统类型分部门管理，生态系统管理破碎化的问题。但是，主管部门和执行部门的权责划分需要明确，与主管部门中央直管相比，本模式会产生合作及监管成本。本模式可能会改进现有的保护工作在各行业部门地位较弱的问题，但需要新的法律条例来保障保护工作在相关职能部门的地位，为监督部门监管相关职能部门的保护工作提供依据。

（3）在保护与发展的协调方面。在央地之间关于保护与发展的协调方面，本模式对于现有问题的改进，以及可能带来的新问题，与上述主管部门中央直管模式相同。但是M部门与职能部门之间关于保护和发展的可能矛盾依然存在，职能部门一般以发展为要义，因此需要相关法律法规保障保护工作在相关职能部门的地位。

（4）在全民公益属性的彰显方面。本模式与上述主管部门中央直管相同。

表5-7　方案Ⅰ：以主管部门为主的跨部门中央直管的利弊

目前存在的问题	对现有问题的改进程度	可能带来的新问题
1. 中央与地方权责划分		
经费保障机制	彻底改进	阻碍地方政府对于保护的责任及积极性的发挥；各部门经费支出的责任划分需要明确
资源权属的明晰	全民自然资源的管理得到保障	地方政府对于中央"拿走"当地"明珠"资源，可能产生抵触
2. 部门间权责分工		
按照生态系统类型分部门管理，生态系统管理破碎化	彻底改进	各部门的权责划分需要明确；部门之间产生合作及监管成本
一块地多个牌子，导致管理目标不一致	彻底改进	—
保护工作在各行业部门的地位较弱	可能改进	保护在相关部门工作中的地位，需要通过法律条例等加以保障；监督部门监管相关行业部门的保护工作，需要有法律依据
3. 保护与发展的协调	对于保护的重视程度得到提高；社区居民生活能够得到保障。	对于依赖门票的当地财政会产生影响；大量资金投入或许会弱化社区发展能力（如三江源）；一些突发应急事件需要当地政府配合，如跨边界森林火灾、病虫害防疫等
4. 全民公益属性的彰显		
门票性质（不以营利为目的低票价制）	彻底改进	对于依赖门票的当地财政会产生影响
门票及特许经营的收益分配（在行业内保护地系统内二次分配）	彻底改进	对于依赖门票的当地财政会产生影响
科学研究	可能改进	—
科普宣传	可能改进	—

5.1.3　主管部门中央与属地管理相结合

本模式为表 5-1 中的 A1 和 B2 的组合，国务院下设自然保护综合管理机构（国家 M 部门）作为主管部门，采取主管部门中央统一管理及中央和属地相结合的管理模式（表 5-4）。

1.　具体模式

在资源权属方面，O 部门是所有权代行机构，具有占有权、获益权；M 部门、M 部门派驻地方的机构、地方政府具有管理权、使用权（委托给特许经营者）、保障社区发展的权利。

在权责划分方面，O 部门是决策者，职责是负责全国保护地数量面积及总体空间布局、集体土地划定为保护地后的赎买/租赁、后续的保护地范围调整及资源使用性质变更、收益分配；M 部门是执行者，职责是制定全国保护地总体规划，法律/法规/条例起草，政策、技术规范制定；M 部门派驻地方的机构是执行者，职责是执行保护管理工作、日常执法、监督经营者；地方政府是执行者，职责是促进社区发展和配合 M 部门工作，做好保护地内生态保护、基础设施建设，统筹保护地内外生态保护和经济社会发展；特许经营者具有资源的经营使用权，对资源进行经营性使用；C 中心是监督者，受所有者委托监督管理者，职责是制定监督自然资源资产监测指标、评估环境质量、进行环境灾害预警，并提供应急措施，向公众发布环境质量信息。

在经费机制方面，中央与地方承担各自职责执行所需经费，收益由地方政府支配。考虑部分地方政府现阶段对于门票及特许经营收益的依赖性，以体现资源公益属性为最终目标，分阶段渐行推进以达到低票价、保护收益返还保护的管理目标。

在人事任命方面，保护地的一把手由 M 部门提名，地方政府组织部门认可。保护地管理局的其他负责人及下级单位负责人，可以由地方长官兼任，有利于协调保护与发展的关系。

2.　合适的保护地类型

具有较为重要的保护价值的部分国家公园，以及本书界定的其他类保护地，包括风景名胜区、森林公园、湿地公园、地质公园、农业种质资源保护区等适用于此模式。同时建议考虑的方面包括：地方政府现阶段对于旅游收益依赖性较大、集体土地比例大、社区人口较多、对于自然资源的直接依赖性较强。例如，武夷山国家公园、钱江源国家公园、普达措国家公园、九寨沟、黄山、张家界等适用于此方案。

3. 对现有问题改进以及可能带来的新问题

表 5-8 总结了本模式对于现有问题的改进，同时也指出可能带来的新问题。

表 5-8　方案 I：主管部门中央与属地管理相结合模式的利弊

目前存在的问题	对现有问题的改进程度	可能带来的新问题
1. 中央与地方权责划分		
经费保障机制	可能改进	对于经费支出比例,中央政府和地方政府之间,产生博弈成本;需要相应的激励机制及制度,保障地方政府负责的经费支出
资源权属的明晰	改进	全民自然资源的所有权行使在中央和地方政府之间进行划分,产生博弈成本
2. 部门间权责分工		
按照生态系统类型分部门管理，生态系统管理破碎化	彻底改进	对于行业性依赖较强的保护地,比如海洋类保护地,不依赖原部门管理,巡护工作将极大增加管理成本
一块地多个牌子，导致管理目标不一致	彻底改进	—
保护工作在各行业部门的地位较弱	彻底改进	—
3. 保护与发展的协调	可能改进	除一把手外,保护地内的官员任命需要与地方官员任命相结合;对于地方政府任命的官员需要有专门的考核机制
4. 全民公益属性的彰显		
门票性质（低票价制为最终目标，分阶段渐行推进）	逐渐改进	初期对于依赖门票的当地财政会产生影响
门票及特许经营的收益分配（由地方政府支配。以体现公益属性为最终目标，分阶段渐行推进。）	逐渐改进	初期对于依赖门票的当地财政会产生影响
科学研究	可能改进	—
科普宣传	可能改进	—

（1）在中央与地方权责划分方面。实施主管部门中央与属地管理结合的管理模式，会改进现有的资源权属不明晰的问题。但是，中央和地方政府划分全民自然资源所有权可能会产生博弈成本。本模式可能会改进现有的经费保障机制不健全的问题。中央和地方共同财政会在一定程度上解决属地经费不足的问题，但是会出现中央政府和地方政府的经费支出比例博弈行为，因此，需要明确中央政府和地方政府具体的经费支出比例。特别是，需要有相应的激励机制及制度，保障地方政府负责的经费支出。

（2）在部门间权责分工方面。本模式与上述主管部门中央直管相同。

（3）在保护与发展的协调方面。本模式可能会改进保护与发展的矛盾。但是除一把手外，保护地内的官员任命需要与地方官员任命相结合；对于地方政府任命的官员需要有专门的考核机制，以缓和地方政府对于发展的诉求与中央政府对于保护的责任之间的矛盾。

（4）在全民公益属性彰显方面。实施主管部门中央与属地管理结合的管理模式，门票和特许经营收益由地方政府支配，在形成对地方政府对于保护工作激励的同时，可以分阶段逐步形成不以盈利为目的的低票价制，以体现资源的公益性质。但是，在初期对于严重依赖门票和特许经营收益的当地财政会产生影响。在科研水平和公众科普宣传方面，本模式与上述模式相同。

5.1.4　以主管部门为主的跨部门中央与属地管理相结合

本模式为表 5-1 中的 A2 和 B2 的组合，国务院下设直属自然保护综合管理机构（国家 M 部门），采取以 M 为主的跨部门中央和属地管理相结合的管理模式（表 5-5）。

1. 具体模式

在资源权属方面，O 部门是所有权代行机构，具有占有权、获益权；M 部门、相关职能部门、地方政府具有管理权、使用权（委托给特许经营者）、保障社区发展的权利。

在权责划分方面，O 部门是决策者，职责是负责全国保护地数量、面积及总体空间布局、集体土地划定为保护地后的赎买/租赁、后续的保护地范围调整及资源使用性质变更、收益分配；M 部门是执行者，职责是制定全国保护地总体规划，法律/法规/条例起草，政策、技术规范制定；相关职能部门是执行者，职责是执行保护管理工作、日常执法、监督经营者；地方政府是执行者，职责是促进社区发展和配合资源管理执行部门工作，做好保护地内生态保护、基础设施建设，统筹保护地内外生态保护和经济社会发展；特许经营者具有资源的经营使用权，对资源进行经营性使用；C 中心是监督者，受所有者委托监督管理者，职责是制定监督自然资源资产监测指标、评估环境质量、进行环境灾害预警，并提供应急措施，向公众发布环境质量信息。

在经费机制方面，中央与地方承担各自职责执行所需经费，收益由地方政府支配。考虑部分地方政府现阶段对于门票及特许经营收益的依赖性，以体现资源公益属性为最终目标，分阶段渐行推进以达到低票价、保护收益返还保护的管理目标。

在人事任命方面，保护地的一把手由负责资源管理的执行部门提名，地方政府组织部门认可。保护地管理局的其他负责人及下级单位负责人，可以由地方长官兼任，有利于协调保护与发展的关系。

2. 合适的保护地类型

本模式适用于以可持续利用为目标的、日常管护工作对于行业的依赖性较强的少数保护地，如水利风景区、农业种质资源保护区等类型的保护地。

3. 对现有问题改进以及可能带来的新问题

表 5-9 总结了本管理模式对于现有问题的改进，同时也指出可能带来的新问题。

表 5-9　方案Ⅰ：以主管部门为主的跨部门中央与属地管理相结合模式的利弊

目前存在的问题	对现有问题的改进程度	可能带来的新问题
1. 中央与地方权责划分		
经费保障机制	可能改进	对于经费支出比例，中央政府和地方政府之间、M部门与相关部门之间，产生博弈成本；需要相应激励机制及制度，保障地方政府负责的经费支出
资源权属的明晰	改进	全民自然资源所有权行使在中央和地方政府之间进行划分，产生博弈成本
2. 部门间权责分工		
按照生态系统类型分部门管理，导致生态系统管理破碎化	彻底改进	综合管理机构 M 部门与相关部门的权责划分需要明确；两者之间产生合作及监管成本
一块地多个牌子，导致管理目标不一致	彻底改进	—
保护工作在各行业部门的地位较弱	可能改进	保护在相关部门工作中的地位，需要通过法律条例等加以保障；M 部门监管相关行业部门的保护工作，需要有法律依据
3. 保护与发展的协调	可能改进	除一把手外，保护地内的官员任命需要与地方官员任命相结合；对于地方政府任命的官员需要有专门的考核机制
4. 全民公益属性的彰显		
门票性质（低票价制为最终目标，分阶段渐行推进）	逐渐改进	初期对于依赖门票的当地财政会产生影响
门票及特许经营的收益分配（由地方政府支配。以体现公益属性为最终目标，分阶段渐行推进）	逐渐改进	初期对于依赖门票的当地财政会产生影响
科学研究	可能改进	—
科普宣传	可能改进	—

（1）在中央与地方权责划分方面。在资源权属和经费机制方面，本模式对现有问题的改进程度以及可能带来的新问题，与上述主管部门与属地管理相结合的模式一致。在此不再赘述。

（2）在部门间权责分工方面。本模式与上述以主管部门为主的跨部门中央直属模式一致。

（3）在保护与发展的协调方面。中央与地方之间关于保护和发展的可能矛盾依然存在。因此，对于地方政府任命的官员需要有专门的考核机制，以缓和地方政府对于发展的诉求与中央政府对于保护的责任之间的矛盾。M 部门与职能部门之间关于保护和发展的可能矛盾依然存在。职能部门一般以发展为要义，因此需要相关法律法规保障保护工作在相关职能部门的地位。

（4）在全民公益属性的彰显方面。与上述主管部门与属地管理相结合一致。

5.1.5　保护地各管理模式改革预期成本比较和分析

根据埃莉诺•奥斯特罗姆（Ostrom，1990）关于制度选择的框架分析中所采用的成本评估指标，制度改革主要涉及转换成本和执行成本，因此转换成本和执行成本在比较中所占的比重较高，分别给予40%的权重。考虑到任何制度改革都存在延误成本和寻租成本，因此将其纳入成本分析的指标，但赋予较低的比重，分别为 10%。如表 5-10 所示，对保护地各方案的预期成本从高（4 分）到低（1 分），分别进行赋值。

表 5-10　保护地管理模式各方案预期成本分析

成本组成	赋值标准	A1+B1 主管部门中央直管	A2+B1 以主管部门为主的跨部门中央直管	A1+B2 主管部门中央与属地管理结合	A2+B2 以主管部门为主的跨部门中央与属地管理结合
转换成本（40%）	对于目前体制改变越多，成本越高	4	3	2	1
执行成本（40%）	涉及部门、级别越多，成本越高	1	2	3	4
延误成本（10%）	改革需要的配套法律制度等越多，成本越高	4	3	2	1
寻租成本（10%）	越缺乏监督、制约及制衡，成本越高	4	3	2	1
预期成本总计		2.8	2.6	2.4	2.2
排序		4	3	2	1

注：按照成本从高（4 分）到低（1 分）赋值。

在转换成本方面，赋值的标准是对于目前体制改变越多，成本越高。我国目前保护地的管理模式是多部门管理为主的属地管理，因为以主管部门为主的跨部门中央与属地管理结合模式与目前的模式最接近，所以转换成本最低；主管部门中央直管与目前的模式差距最大，所以转换成本最高；纵向关系的转换成本要稍高于横向关系的变更，所以以主管部门为主的跨部门中央直管的转换成本要高于主管部门中央与属地管理结合。

在执行成本方面，赋值的标准是涉及部门、级别越多，成本越高。以主管部门为主的跨部门中央与属地管理结合涉及的部门和级别最多，所以执行成本最高；主管部门中央直管涉及的部门和级别最少，所以执行成本最低；中央与属地管理结合涉及中央政府与地方政府的关系，相比中央层面的以主管部门为主的跨部门中央直管，执行成本要稍高一些。

在延误成本方面，赋值的标准是改革需要的配套法律、制度、政策等越多，成本越高。排序与转换成本相同，因为对于目前管理模式改变越多，需要的配套法律制度等越多，成本越高。

在寻租成本方面，赋值的标准是越缺乏监督、制约及制衡，成本越高。与执行成本的排序完全相反，因为涉及部门、级别越多，越能够相互监督、制约及制衡，寻租成本越低。

综合比较，以主管部门为主跨的部门中央与属地管理结合的管理模式预期改革成本最低，主管部门中央直管的模式预期改革成本最高（表5-10）。

5.2　建立自然资源与生态保护独立部门（方案Ⅱ）

如图5-3所示，在方案Ⅱ中，国有自然资源决策者和执行者统一到一个部门，监督者与资源决策者、执行者分开。国务院下设自然资产委员会（O）、国土资源部、环境保护部、自然生态保护部（M）和自然生态与环境质量监督中心（C）等。自然生态保护部（M）代行全民所有的公益性自然资源的所有权权责；自然资产委员会仅代行全民所有经营性自然资产的所有者权责；国土资源部行使全民所有经营性自然资产的执行者权责（具体的管理执行者不在此文探讨之列，因此不予赘述）；环境保护部仍然负责环境污染防治；资源管理的监督者是自然生态与环境质量监督中心。

组建独立的自然生态保护部门M，同时行使公益性自然资源的决策者和执行者的权责，决策者和执行者实行上下分离。在中央直管的方案中，决策者是M部，执行者由M部门派驻地方的垂直机构承担；在跨部门管理的方案中，决策者是M部，相关职能部门是执行者；在与属地管理相结合的方案中，地方政府是执行者。我们提出方案 II 的依据具体见第 1 章 1.3 节和 1.4 节。

对比图 5-1 和图 5-3，方案 I 与方案 II 的不同之处体现在以下两方面。

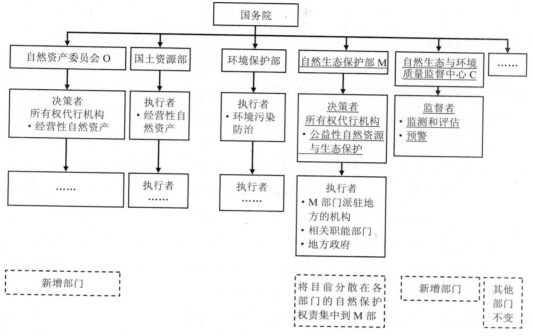

注：图中标下划线部分代表与自然保护相关的机构和职能。

图 5-3　自然保护管理体制改革方案设计（方案 II）

1. 对于是否推行大部制改革，两个方案有所不同

方案 I 是基于大部制思维，基于广义的环境保护概念，组建自然生态和环境保护部门 M，将目前分散在各职能部门的自然资源和生态保护的职能统一纳入 M 部门，同时合并现有的以污染防治为主的环境保护部。而方案 II 中，组建的 M 部门仅是将目前分散在各职能部门的公益性资源和生态保护的职能统一纳入其管理范畴，环境保护部仍然履行污染防治的权责，国土资源部仍然负责经营性自然资产的管理。方案 II 的提出是基于传统的狭义的环境保护概念，即以降低环境负外部性为管理目标，而自然资源和生态系统保护是以维持或提高环境正外部性为目标，因此两者的管理客体的属性和管理目标是不同的，虽然两者之间有一定的联系（如污染防治有利于资源和生态保护），但是落实到具体的管理工作层面，交叉的情况并不多。

2. 对于行使全民资源所有权的权责部门，两个方案有不同考量

方案Ⅰ的依据是资源的所有者必须与管理者分离，因此，成立专门的自然资源资产委员会 O，代行全民自然资源所有者的权责，包括经营性自然资源，也包括公益性自然资源。方案Ⅱ不反对建立自然资源资产委员会，因为对于矿产、能源等经营性的自然资源，确实需要做到决策者和执行者的分离。而对于公益性的自然资源，如第 1 章 1.3 节所述，将公益性资源的决策者和执行者合在一起应该不会影响管理目标的有效达成，也会有效降低管理成本。因此在方案Ⅱ中，我们提出自然生态保护部门 M 同时行使全民公益性自然资源的所有权和管理权职责。

在此顶层方案下，根据表 5-11 进行方案Ⅱ下的保护地管理模式的设计。

如表 5-11 所示，结合保护地管理的实际工作要求，具体职责划分如下：所有权代行机构具有占有权和收益权，是决策者，负责规划全国保护地数量面积及总体空间布局、集体土地划定为保护地后的赎买/租赁、后续的保护地范围调整及资源使用性质变更、收益分配；执行者具有资源管理权、使用权以及保障社区发展的权利，负责每个保护地总体规划，法律/法规/条例起草，政策、技术规范制定，保护管理工作的执行、执法，监督经营者，并负责社区发展；特许经营者具有资源的经营使用权，对资源进行经营性使用；监督者受所有者委托监督管理者，制定监督自然资源资产监测指标、评估环境质量、进行环境灾害预警，并提供应急措施，向公众发布环境质量信息。

如同方案Ⅰ，对横向关系和纵向关系进行不同形式的组合，共有四种可能的保护地管理模式方案（图 5-4）：主管部门 M 中央直管（A1+B1），具体方案见表 5-12；以主管部门为主的跨部门中央直管（A2+B1），具体见表 5-13；主管部门 M 中央与属地管理相结合（A1+B2），见表 5-14；以主管部门为主的跨部门中央与属地管理相结合（A2+B2），见表 5-15。方案设计图如图 5-4 所示。

为了方便阅读，表 5-16 对方案Ⅱ之下的保护地管理四种模式进行了最终汇总。

图 5-4　方案Ⅱ方案设计

表5-11　方案Ⅱ：保护地管理模式改革设计表

		资源权属	权责划分	经费机制	人事任命
横向关系（不同部门间）	A1 主管部门统一管理	所有权行使机构：M部（公益性自然资源）、自然资产委员会（经营性自然资产）；M部、自然资产委员会：占有权、获益权；M部门派驻地方的机构：管理权、使用权（委托给特许经营者）、保障社区发展的权利	M部门：决策者和执行者，负责全国保护地数量面积及总体空间布局，集体土地划定为保护地后续用地的赎买/租赁，地范围调整及资源使用性质变更、收益分配；每个保护地总体规划、法律法规条例起草，政策技术规范制定、保护管理工作的执行/执法，监督经营者、社区发展；特许经营者：资源的经营性使用者；C中心：监督管理者	支出：取决于中央地方职责；收益分配：取决于中央地方职责	M部门：提名各保护地领导人；地方政府：认可
	A2 以主管部门为主的跨部门管理	所有权代行机构：M部（公益性自然资源）、自然资产委员会（经营性自然资产）；M部、自然资产委员会：占有权、获益权；M部门、相关职能部门：管理权、使用权（委托给特许经营者）、保障社区发展的权利	M部门：决策者和执行者，负责全国保护地数量面积及总体空间布局，集体土地划定为保护地后续用地的赎买/租赁，地范围调整及资源使用性质变更、收益分配；每个保护地总体规划、法律法规条例起草，相关职能部门：执行者、保护管理工作的执行/执法，监督经营者、社区发展；特许经营者：资源的经营性使用者；C中心：监督管理者	支出：M部门和相关职能部门各自职责执行；收益分配：取决于纵向及横向关系；社区发展：取决于中央地方关系	相关职能部门：提名；地方政府：认可

		资源权属	权责划分	经费机制	人事任命
纵向关系（中央与地方）	B1 中央直管	所有权代行机构：M部（公益性自然资源）、自然资产委员会（经营性自然资产）；M部、自然资产委员会：占有权、获益权；M部派驻地方的机构或相关的职能部门（取决于横向关系）：管理权、使用权（委托给特许经营者）、保障社区发展的权利	M部门：决策者和执行者，负责全国保护地数量面积及总体空间布局，集体土地划定为保护地后续的赎买/租赁，后续的保护地范围调整及资源使用性质变更，收益分配，每个保护地总体规划，法律法规条例起草，政策技术规范制定；保护管理工作的执行和执法，监督经营者，社区发展及相关职能部门，部门间具体分工取决于横向关系；特许经营者：资源的经营性使用；C中心：监督管理者	支出：中央；收益分配：取决于横向关系	M部门或相关部门（取决于横向关系）：提名；地方政府：认可
	B2 中央+属地管理	所有权代行机构：M部（公益性自然资源）、自然资产委员会（经营性自然资产）；M部、自然资产委员会：占有权、获益权；M部派驻地方的机构或相关职能部门（取决于横向关系）、地方政府：管理权、使用权（委托给特许经营者）、保障社区发展的权利	M部门：决策者和执行者，负责全国保护地数量面积及总体空间布局，集体土地划定为保护地后续的赎买/租赁，后续的保护地范围调整及资源使用性质变更，收益分配，每个保护地总体规划，法律法规条例起草，政策技术规范制定；保护管理工作的执行和执法，监督经营者；部门、部门间具体分工取决于横向关系；特许经营者：资源的经营性使用；C中心：监督管理者	支出：中央与地方共同财政，承担各自职责执行所需经费；收益分配：由地方政府政府支配	M部门或相关部门（取决于横向关系）：提名；地方政府：认可

表 5-12　方案 II：主管部门中央直管（A1+B1）的保护地管理模式

		资源权属	权责划分	经费机制	人事任命
横向关系（不同部门间）	A1 主管部门统一管理	所有权代行机构：M 部（公益性自然资源）、自然资产委员会（经营性自然资产）；M 部、自然资产委员会：占有权、获益权；M 部门派驻地方的机构：管理权、使用权（委托给特许经营者）、保障社区发展的权利	M 部门：决策者和执行者，负责全国保护地数量面积及总体空间布局，集体土地划定为保护地后续的赎买/租赁、收益分配；每个保护地总体规划、法律法规/条例起草，政策技术规范制定，保护管理工作的执行/执法，监督经营者，特许经营者：资源的经营性使用者；C 中心：监督管理者	支出：取决于央地职责；收益分配：取决于央地职责	M 部门：提名各保护地领导人；地方政府：认可
纵向关系（中央与地方）	B1 中央直管	所有权代行机构：M 部（公益性自然资源）、自然资产委员会（经营性自然资产）；M 部、自然资产委员会：占有权、获益权；M 部门派驻地方的机构或相关机构：管理权、使用权（取决于横向关系）、保障社区发展的权利	M 部门：决策者和执行者，负责全国保护地数量面积及总体空间布局，集体土地划定为保护地后续的赎买/租赁、收益分配；每个保护地总体规划、法律法规/条例起草，政策技术规范制定，保护管理工作的执行/执法，部门及相关能部门间具体分工取决于横向关系；特许经营者：资源的经营性使用者；C 中心：监督管理者	支出：中央；收益分配：取决于横向关系	M 部门或相关部门（取决于横向关系）：提名；地方政府：认可
	A1+B1 中央直管	所有权代行机构：M 部（公益性自然资源）、自然资产委员会（经营性自然资产）；M 部、自然资产委员会：占有权、获益权；M 部门派驻地方的机构：管理权、使用权（委托给特许经营者）、保障社区发展的权利	M 部门：决策者和执行者，负责全国保护地数量面积及总体空间布局，集体土地划定为保护地后续的赎买/租赁、收益分配；每个保护地总体规划、法律法规/条例起草，政策技术规范制定；M 部门派驻地方的机构：保护管理工作的执行/执法，监督经营者，社区发展；特许经营者：资源的经营性使用者；C 中心：监督管理者	M 部门代表中央负责全国保护地所有经费支出、收益在全国保护地系统内二次分配	M 部门：提名各保护地领导人；地方政府：认可

表5-13　方案Ⅱ：以主管部门为主的跨部门中央直管（A2+B1）的保护地管理模式

		资源权属	权责划分	经费机制	人事任命
横向关系（不同部门间）	A2 以主管部门为主的跨部门管理	所有权代行机构：M部（公益性自然资源）、自然资产委员会（经营性自然资产）；M部、自然资产委员会：占有权、获益权；M部门、相关职能部门：管理权、使用权（委托给特许经营者）、保障社区发展的权利	M部门：决策者和执行者，负责全国保护地数量面积及总体空间布局，集体土地划定为保护地后的赎买/租赁、后续的保护地范围调整及资源使用性质变更、收益分配；每个保护地总体规划、法律/法规/条例起草、政策/技术规范制定；相关职能部门：执行者；特许经营者：资源的经营性使用；C中心：监督管理者	支出：M部门和相关职能部门承担各自职能所需经费；责执行所需经费及纵向关系；收益分配：取决于纵向及横向关系	M部门或相关职能部门：提名；干横向关系；地方政府：认可
纵向关系（中央与地方）	B1 中央直管	所有权代行机构：M部（公益性自然资源）、自然资产委员会（经营性自然资产）；M部、自然资产委员会：占有权、获益权；M部门派驻地方的机构或相关职能部门（取决于横向关系）：管理权、使用权（委托给特许经营者）、保障社区发展的权利	M部门：决策者和执行者，负责全国保护地数量面积及总体空间布局，集体土地划定为保护地后的赎买/租赁、后续的保护地范围调整及资源使用性质变更、收益分配；每个保护地总体规划、法律/法规/条例起草、政策；保护管理工作的执行/执法，监督经营者、社区发展；M部门及相关职能部门，部门间具体分工取决于横向关系；特许经营者：资源的经营性使用；C中心：监督管理者	支出：中央；收益分配：取决于横向关系	M部门或相关部门（取决于横向关系）：提名；地方政府：认可

	资源权属	权责划分	经费机制	人事任命
A2 + B1　以主管部门为主的跨部门中央直管	所有权代行机构：M 部（公益性自然资源）、自然资产委员会（经营性自然资产）；M 部、自然资产委员会：占有权、获益权；M 部门、相关职能部门：管理权、使用权（委托给特许经营者）、保障社区发展的权利	M 部门：决策者和执行者，负责全国保护地数量面积及总体空间布局，集体土地划定为保护地后的赎买/租赁、后续的保护地范围调整及资源使用性质变更、收益分配；每个保护地总体规划、法律/法规/条例制定、技术规范制定；相关职能部门：执行者，保护管理工作的执行/执法，监督经营者，社区发展；特许经营者：资源的经营性使用者；C 中心：监督管理者	支出：M 部门和相关职能部门承担各自职能行使所需经费；责执行：地方政府；收益：在相关保护地门辖的保护地内进行二次分配	相关部门：提名；地方政府：认可

表 5-14　方案 II：主管部门中央与属地管理相结合（A1+B2）的保护地管理模式

		资源权属	权责划分	经费机制	人事任命
横向关系（不同部门间）	A1　主管部门统一管理	所有权代行机构：M 部（公益性自然资源）、自然资产委员会（经营性自然资产）；M 部、自然资产委员会：占有权、获益权；M 部门派驻地方的管理机构：管理权、使用权（委托给特许经营者）、保障社区发展的权利	M 部门：决策者和执行者，负责全国保护地数量面积及总体空间布局，集体土地划定为保护地后的赎买/租赁、后续的保护地范围调整及资源使用性质变更、法律/法规/条例制定、政策技术规范制定、保护地技术规范制定，社区发展；管理工作的执行/执法，监督经营者，资源的经营性使用者；特许经营者：资源的经营性使用者；C 中心：监督管理者	支出：取决于中央地职责；收益分配：取决于中央地职责	M 部门：提名各保护地领导人；地方政府：认可

纵向关系（中央与地方）		资源权属	权责划分	经费机制	人事任命
	B2 中央+属地管理	所有权代行机构：M部（公益性自然资源）、自然资产委员会（经营性自然资产）；M部、自然资产权、获益权；M部门派驻地方的机构或相关职能部门（取决于横向关系）、地方政府：管理权、使用权（委托给特许经营者）、保障社区发展的权利	M部门：决策者和执行者，负责全国保护地数量面积及总体空间布局，集体土地划定为保护地后的赎买/租赁、后续的保护地范围调整及资源使用性质变更、收益分配；每个保护地总体规划，法律/法规/条例起草、政策/技术规范制定；保护管理工作的执行/执法，部门间具体分工取决于横向关系；地方政府：执行者，社区发展，配合M部门或相关职能部门工作；C中心：监督经营者；特许经营者：资源的经营性使用	支出：中央与地方共同财政，承担各自职责执行所需经费；收益分配：由地方政府支配	M部门或相关关部门（取决于横向关系）：提名；地方政府：认可
	A1+B2 主管部门中央与地方管理相结合	所有权代行机构：M部（公益性自然资源）、自然资产委员会（经营性自然资产）；M部、自然资产权、获益权；M部门派驻地方的机构、地方政府：管理权、使用权（委托给特许经营者、保障社区发展的权利	M部门：决策者和执行者，负责全国保护地数量面积及总体空间布局，集体土地划定为保护地后的赎买/租赁、后续的保护地范围调整及资源使用性质变更、收益分配；每个保护地总体规划，法律/法规/条例起草、政策/技术规范制定；M部门派驻地方的的机构：执行者，保护管理工作的执行/执法，监督经营者；地方政府：执行者，社区发展，配合M部门工作；特许经营者：资源的经营性使用；C中心：监督资源管理者；社区：资源生计型利用，监督资源管理；	支出：中央与地方共同财政，承担各自职责执行所需经费；收益：由地方公益属性为地方政府支配。以体现公益属性（低票价，保护收益返还保护），分阶段渐行推进	M部门：提名；地方政府：认可

表 5-15　方案Ⅱ：以主管部门为主的跨部门中央与属地管理相结合（A2+B2）的保护地管理模式

		资源权属	权责划分	经费机制	人事任命
横向关系（不同部门间）	A2 以主管部门为主的跨部门管理	所有权代行机构：M 部（公益性自然资源）、自然资产委员会（经营性自然资产）；M 部、自然资产委员会：占有权、获益权；M 部门、相关职能部门：管理权（委托给特许经营者）、使用权（委托给特许经营者）、保障社区发展的权利	M 部门：决策者和执行者，负责全国保护地数量面积及总体空间布局，集体土地划定为保护地后的赎买/租赁、后续的保护地范围调整及资源使用性质变更，收益分配，每个保护地总体规划、法律法规起草，政策技术规范制定；相关职能部门：保护管理工作的执行执法、监督经营者；特许经营者：资源的经营性使用；C 中心：监督管理者	支出：M 部门和相关职能部门承担各自职责执行所需经费；以及纵向关系收益分配：取决于纵向及横向关系	相关职能部门：提名；地方政府：认可
纵向关系（中央与地方）	B2 中央+属地管理	所有权代行机构：M 部（公益性自然资源）、自然资产委员会（经营性自然资产）；M 部、自然资产委员会：占有权、获益权；M 部门派驻地方的机构或相关职能部门（取决于横向关系）、地方政府：管理权、使用权（委托给特许经营者）、保障社区发展的权利	M 部门：决策者和执行者，负责全国保护地数量面积及总体空间布局，集体土地划定为保护地后的赎买/租赁、后续的保护地范围调整及资源使用性质变更，收益分配，每个保护地总体规划、法律法规起草，政策技术规范制定；保护管理工作的执行执法，监督经营者；M 部门及相关职能部门，部门间具体分工取决于横向关系；地方政府：执行、社区发展，配合 M 部门或相关职能部门工作；特许经营者：资源的经营性使用；C 中心：监督管理者	支出：中央与地方共同财政，承担各自职责执行所需经费；收益分配：由地方政府支配	M 部门或相关职能部门（取决于横向关系）：提名；地方政府：认可

模式		资源权属	权责划分	经费机制	人事任命
	A2+B2 跨部门主属地的管理相结合	所有权代行机构：M部（公益性自然资源）、自然资产性委员会（经营性自然资产）；M部、自然资产委员会：占有权、获益权；以主管部门为主的央属地管理相关职能部门、地方政府：管理权、使用权（委托给特许经营者）、保障社区发展的权利者	M部门：决策者和执行者，负责全国保护地数量面积及总体空间布局、集体土地范围调整为保护地后的赎买相关、后续的保护范围调整及资源使用性质变更、收益分配；每个保护地总体规划、政策技术规范制定；相关职能部门：执行者，保护管理工作的执行执法；监督资源的经营者；地方政府：执行者、社区发展、配合相关职能部门工作；特许经营者：资源的经营性使用；C中心：监督管理者	支出：中央与地方共同财政；中央经费由M部门和相关职能部门按照各自职责共同财政；收益：由地方政府支配。以地方政府支配，保护收益返还保护目标认可；体现公益属性为最终目标（低票价，保护），分阶段渐行推进	M部门：提名；地方政府认可

表5-16 方案Ⅱ四个保护地管理模式对比

模式		资源权属	权责划分	经费机制	人事任命
模式1	主管部门中央直管（A1+B1）保护地管理模式	所有权代行机构：M部（公益性自然资源）、自然资产性委员会（经营性自然资产）；M部、自然资产委员会：占有权、获益权；M部门派驻地方的机构：管理权、使用权（委托给特许经营者）、保障社区发展的权利者	M部门：决策者和执行者，负责全国保护地数量面积及总体空间布局、集体土地划定为保护地后续的赎买、每个保护地后续的保护范围调整及资源使用性质变更、收益分配；每个保护地总体规划、法律法规条例起草、政策技术规范制定；M部门派驻地方的机构：保护管理工作的执行执法、监督经营者；社区发展；特许经营者：资源的经营性使用；C中心：监督管理者	M部门代表中央负责所有经费支出、收益在全国保护地系统内二次分配	M部门：提名各保护地领导人；地方政府认可

模式		资源权属	权责划分	经费机制	人事任命
模式2	以主管部门为主的跨部门中央直管（A2+B1）保护地直管管理模式	所有权代行机构：M部（公益性自然资产）、自然资产委员会（经营性自然资产）；M部、自然资产委员会：占有权、获益权；M部门、相关职能部门：管理权、使用权（委托给特许经营者）、保障社区发展的权利	M部门：决策者和执行者，负责全国保护地数量面积及总体空间布局、集体土地划定为保护地后的购买\租赁、后续的保护地范围调整及资源使用性质变更、收益分配；每个保护地的后续技术规范制定；相关职能部门：执行者，保护管理工作的执行/执法、监督经营者、社区发展；特许经营者：资源的经营性使用者 C中心：监督管理者	支出：M部门和相关职能部门承担各自职责执行所需经费；收益：在相关职能部门辖的保护地内进行二次分配	相关部：提名；地方政府：认可
模式3	主管部门中央与属地管理相结合（A1+B2）保护地管理模式	所有权代行机构：M部（公益性自然资产）、自然资产委员会（经营性自然资产）；M部、自然资产委员会：占有权、获益权；M部门派驻地方的机构、地方政府：管理权、使用权（委托给特许经营者）、保障社区发展的权利	M部门：决策者和执行者，负责全国保护地数量面积及总体空间布局、集体土地划定为保护地后的购买\租赁、后续的保护地范围调整及资源使用性质变更、收益分配；每个保护地的后续技术规范制定；M部门派驻地方的机构：执行者，保护管理工作的执行/执法、监督经营者；地方政府：执行者、社区发展、配合M部门工作；特许经营者：资源的经营性使用者 C中心：监督管理者	支出：中央与地方共同财政，承担各自职责所需经费；收益：由地方政府支配。以体现公益性为最终目标（低票价、保护收益返还保护），分阶段渐行推进	M部门：提名；地方政府：认可
模式4	以主管部门为主的跨部门中央与属地管理相结合（A2+B2）的保护地管理模式	所有权代行机构：M部（公益性自然资产）、自然资产委员会（经营性自然资产）；M部、自然资产委员会：占有权、获益权；相关职能部门、地方政府：管理权、使用权（委托给特许经营者）、保障社区发展的权利	M部门：决策者和执行者，负责全国保护地数量面积及总体空间布局、集体土地划定为保护地后的购买\租赁、后续的保护地范围调整及资源使用性质变更、收益分配；每个保护地的后续技术规范制定；相关职能部门：执行者，保护管理工作的执行/执法；地方政府：执行者、社区发展、配合相关职能部门工作；特许经营者：资源的经营性使用者 C中心：监督管理者	支出：中央与地方共同财政，中央经费由M部门和相关职能部门按照各自职责共同财政；收益：由地方政府支配。以体现公益性为最终目标（低票价、保护收益返还保护），分阶段渐行推进	相关职能部门：提名；地方政府：认可

5.3　不同保护地管理模式在试点案例区的应用

根据本章提出的保护地管理模式设计思路,针对第 3 章的四个国家公园体制改革试点存在的问题,对试点案例地管理模式提出如下原则性建议。

针对三江源国家公园,在试点结束之后,建议采用主管部门中央直管的管理模式。因为三江源具有"最为重要"的保护价值,且社区人口密度较低,地方财政能力较弱。在此模式下,法定的全民所有自然资源(资产)所有权代行机构是中央自然资源(资产)所属部门(即方案 I 中为 O 部,方案 II 中为 M 部);管理者是管理公益性资源的行政部门(即两个方案中的 M 部)及其下属机构三江源国家公园管理局;经营者是特许经营公司;监督者为中央自然生态与环境质量监督部门(即两个方案中的 C 中心)。

建议普达措国家公园、钱江源国家公园和武夷山国家公园采用主管部门中央和属地相结合的管理模式。因为普达措国家公园具有较为重要的保护价值,地方政府现阶段对于旅游收益的依赖性较大,社区人口较多,且对自然资源的直接依赖性较强,因此在管理上难以脱离当地政府;钱江源国家公园具有较为重要的保护价值,集体土地比例较大,而且社区人口较多,对于自然资源的直接依赖性较强;武夷山国家公园跨行政区域,但是地方政府现阶段对于武夷山旅游收益依赖性较大,集体土地比例较大,社区人口较多且对自然资源的直接依赖性较强,尤其是涉及价值非常高的茶园,需要当地政府的配合。

在此模式下,法定的全民所有自然资源(资产)所有权代行机构是中央自然资源(资产)所属部门(即方案 I 中为 O 部,方案 II 中为 M 部);管理者是管理公益性资源的行政部门(即两个方案中的 M 部)和地方政府;经营者是特许经营公司;监督者为中央自然生态与环境质量监督部门(即两个方案中的 C 中心)。

5.4　自然保护总体管理体制:方案 I 与方案 II 的比较分析

5.4.1　对现有问题改进程度的比较和分析

对照第 2 章梳理的我国自然保护管理体制存在的问题,比较方案 I 和方案 II 对问题的改进程度。

1. 按照不同资源类型的分部门管理所带来的问题

方案 I 中，M 部门是执行者，方案 II 中，M 部门是决策者和执行者，具体的执行者委托给一个部门或地方政府，因此两个方案均可以避免目前存在的不同部门同时在一块保护地行使管理权责所带来的问题。

2. 保护工作在各主管部门的地位较弱

在涉及以主管部门为主的跨部门保护的保护地，两个方案均存在同样的问题。即需要相关的法律、法规来提高和保证保护工作在相关职能部门中的地位。

3. 中央和地方权责利划分不清

中央和地方权责利划分不清，体现在两方面：资源权属以及经费机制方面。

方案 I 中，法定的国有自然资源所有者是自然资源资产委员会（O 部），代行全民资源所有者的权责，资源管理者是资源生态与环境保护部（M 部）；方案 II 中，资源生态保护部（M 部）同时行使资源所有者和执行者的权责。虽然中央层面代表行使全民资源所有者的机构不同，但两个方案在央地对于资源权属的划分上没有差异。

4. 对自然资源管理部门的监督不到位

针对自然资源管理部门监督不到位的问题，两个均采取了建立国务院直属机构 C 中心，通过监测、评估来监督 M 部门。因此，两个方案不存在差异。

综上所述，在对于现有体制存在问题的改进程度上，两个方案无显著差异。

5.4.2　预期成本比较和分析

与前述保护地各方案预期成本所采用的指标及赋分标准相同，两个总体方案预期成本评估见表 5-17。

1. 转换成本

在转换成本方面，判断标准是对于目前体制改变越多，成本越高。方案 I 中，基于广义环境保护大部制的理念，需要组建新的自然生态和环境管理部门（自然生态与环境保护部 M 部），将目前的环境保护部的主要职责，即污染防治，纳入 M 部门；同时，将目前分散在各职能部门的关于公益性自然资源和生态系统保护的权责，统一到 M 部门。

　　方案Ⅱ中，也需要组建新的部门 M，但是该部门仅是将目前分散在各职能部门的关于公益性自然资源和生态系统保护的权责，统一到 M 部门，不涉及与现有环境保护部门的合并重组。

　　相比之下，方案Ⅰ对目前体制的改变要多于方案Ⅱ，转换成本更高。

表 5-17　自然保护管理体制预期成本比较：方案Ⅰ和方案Ⅱ

成本组成	赋值标准	方案Ⅰ	方案Ⅱ
转换成本（40%）	对于目前体制改变越多，成本越高	2	1
执行成本（40%）	涉及部门、级别越多，成本越高	2	1
延误成本（10%）	改革需要的配套法律制度等越多，成本越高	2	1
寻租成本（10%）	越缺乏监督、制约及制衡，成本越高	1	2
预期成本总计		1.9	1.1
排序		2	1

注：按照成本从高（2 分）到低（1 分）赋值。

2. 执行成本

　　在执行成本方面，判断标准是涉及部门、级别越多，成本越高。与方案Ⅰ相比，方案Ⅰ将行使全民资源所有者和管理者的权责赋予同一部门 M[1]，而且 M 部门仅负责公益性资源和生态系统的保护和管理，不与以减低环境负外部性为管理目标的环保部门发生交叉。从这一角度看，方案Ⅱ的执行成本低于方案Ⅰ。

　　另外，将环境保护和自然生态保护两部分机构合并在一起，从管理效果看，不会产生明显的 1+1＞2 的效果，因为两者之间工作内容上的协同需求原本就不是很明显。

3. 延误成本

　　在延误成本方面，赋值的标准是改革需要的配套法律制度等越多，成本越高。排序与转换成本相同，因为对于目前体制改变越多，需要的配套法律制度等越多，成本越高，因此方案Ⅰ的延误成本要高于方案Ⅱ。

---

① 这一体制安排是鉴于公益性资源严禁或限制用于经营性开发这一资源管理目标。目前美国的保护地管理体系在联邦土地权属的行使方面，即是这样一种制度安排。详见第 4 章。

4. 寻租成本

在寻租成本方面，赋值的标准是越缺乏监督、制约及制衡，成本越高。两个方案均由 C 部门监督 M 部门的工作，但是方案 II 中 M 部门把所有者和管理者的职权合二为一。相比之下，方案 I 的寻租成本低于方案 II。

综合比较，方案 II 的制度预期成本低于方案 I。

第6章 主要研究结论及建议

6.1 主要研究结论

6.1.1 中国自然保护总体管理体制

1. 两个方案的体制异同

（1）对于是否推行大部制改革，两个方案有所不同。方案 I 是基于大部制思维，基于广义的环境保护概念，组建自然生态和环境保护部门，将目前分散在各职能部门的自然资源和生态保护的职能统一纳入该部门，同时合并现有的以污染防治为主的环境保护部。而方案 II 中，组建的 M 部门仅是将目前分散在各职能部门的公益性资源和生态保护的职能统一纳入其管理范畴，环境保护部仍然履行污染防治的职责，国土资源部仍然负责全民所有经营性资产的管理。

（2）对于行使全民资源所有权的权责部门，两个方案有不同考量。方案 I 中，代行全民自然资源所有权的部门（自然资源资产委员会）与资源的管理执行部门（自然生态和环境保护部）是分离的；而方案 II 中，两方面权责同时由一个部门（自然生态保护部）承担。

（3）两个方案相同的地方是，都建议成立国务院直属的独立的资源生态环境监测及监督部门。

2. 对现有问题改进方面，两个方案无显著差异

方案 I 中的 M 部门行使执行者权责，方案 II 中的 M 部门行使决策者和执行者权责，更为具体的执行则委托给下级派出机构、相关职能部门或地方政府，因此两个方案均可以避免目前存在的不同部门同时在一块保护地行使管理权责所带来的问题。

保护工作的重要性在相关职能部门可能被弱化的问题，在涉及以主管部门为主的跨部门保护的保护地，目前的两个方案均可能依然存在这个问题。需要相关的法律、法规来提高和保证保护工作在相关职能部门中的地位。

中央和地方权责利划分问题方面，方案Ⅰ中，自然资源资产委员会（O部）是决策者，代行全民资源所有者的权责，执行者是自然生态与环境保护部（M部）；方案Ⅱ中，自然生态保护部（M部）同时行使全民资源决策者和执行者的权责。虽然中央层面代表行使全民资源所有者的机构不同，但两个方案在央地对于资源权属的划分上没有差异。

针对自然资源管理部门监督不到位的问题，两个方案均采取了建立国务院直属机构C中心的方式，通过监测、评估来监督M部门。因此，两个方案在此问题上不存在差异。

综上所述，在对于现有体制存在问题的改进程度上，两个方案不存在明显差异。

3. 在制度预期成本方面，大部制高于自然保护独立部门

大部制的转换成本、执行成本和延误成本均高于自然保护独立部门。因为大部制方案对目前体制的改变要多于独立部门方案，转换成本更高，需要的配套法律制度更多，延误成本更高；大部制方案把自然资源和生态保护与环境污染防治的职责集中在一个部门，执行成本更高。在寻租成本方面，大部制没有将全民所有自然资源的所有权和管理权集中于一个部门，因此寻租空间相对较小。

6.1.2　保护地管理模式

1. 不同管理模式针对不同类型保护地，不是互相取代的关系

本书设计了四种保护地管理模式，分别是主管部门中央直管、以主管部门为主的跨部门中央直管、主管部门中央和属地管理相结合、以主管部门为主的跨部门中央和属地管理相结合。四种模式分别针对不同类型的保护地。

主管部门中央直管方案适合的保护地类型，应该是具有最为重要保护价值的国家级自然保护区或者国家公园。同时建议考虑的因素包括：集体土地比例较少、社区人口密度低或者对于资源的直接依赖性弱、跨行政边界的保护地。例如正在试点的大熊猫国家

公园、东北虎豹国家公园、三江源国家公园、祁连山国家公园等。

以主管部门为主的跨部门中央直管的管理模式，适用于具有非常重要保护价值的国家级自然保护区或者国家公园，以及日常的资源管理及巡护工作对行业的依赖性较强的少数保护地，如海洋类保护地。

主管部门中央和属地管理相结合的管理模式，适用于具有较为重要的保护价值的部分国家公园，以及本书界定的其他类保护地，包括风景名胜区、森林公园、湿地公园、地质公园、农业种质资源保护区等适用于此方案。同时建议考虑的因素包括：地方政府现阶段对于旅游收益依赖性较大、集体土地比例大、社区人口较多、对于自然资源的直接依赖性较强。例如，正在试点的武夷山国家公园、钱江源国家公园、普达措国家公园，以及九寨沟、黄山、张家界等风景名胜区适用于此方案。

以主管部门为主的跨部门中央和属地管理相结合的管理模式，适用于以可持续利用为目标的、日常管护工作对于行业的依赖性较强的少数保护地，水利风景区、农业种质资源保护区等类型的保护地。

2. 不同管理模式的改革预期成本不同

预期成本方面，四个管理模式中，主管部门中央直管的转换成本、延误成本和寻租成本都最高，但执行成本最低；而以主管部门为主跨部门中央与属地管理相结合的体制转换成本、延误成本和寻租成本都最低，但执行成本最高。

总体而言，主管部门中央直管的方案预期成本最高，以主管部门为主跨部门中央与属地管理相结合的方案最低。

6.2　主要政策改革建议

6.2.1　中国自然保护总体管理体制改革的建议

1. 管理机构方面，建立自然生态保护部，由该部门对公益性自然资源和生态系统进行专门管理；同时，建立针对环境和自然保护的独立监督部门

本书不建议将环境保护与自然资源和生态系统保护的管理全部纳入一个部门管理

的大部制思维。因为传统的环境保护目标是以降低环境负外部性为目标，而自然资源和生态系统保护是以维护或提高环境正外部性为目标，因此两者的管理客体的属性和管理目标是不同的，虽然两者之间有一定的联系（如污染防治有利于资源和生态保护），但是落实到具体的管理工作层面，交叉的情况并不多。另外，将环境保护和自然生态保护两部分机构合并在一起，从管理效果看，不会产生明显的 1+1＞2 的效果，因为两者之间工作内容上的协同需求并不明显。

同时，建议成立国务院直属的独立的自然生态与环境质量监督中心，行使监督者权责，负责资源监测、保护工作评估和生态预警，从而实现管理者与监督者分离。

2. 资源权属方面，建议将公益性全民自然资源所有者和管理者的权责同时赋予自然生态保护部

从有效降低管理成本的角度考虑，建议将行使公益性全民自然资源的所有者和管理者的权责同时赋予自然生态保护部。这是因为公益性自然资源的属性、功能和管理目标不同于经营性自然资产，因此在资源权属的管理上无须如经营性国有资产一样建立专门的所有权代行部门。

3. 完善生态保护监管体系

建议成立国务院直属的独立的自然生态与环境质量监督中心，行使监督者职责，负责资源监测、保护工作评估和生态预警，从而实现管理者与监督者分离。

6.2.2　改进保护地管理模式的原则性建议

1. 管理模式上，形式多样

按照保护程度不同，采取分类分级的管理模式。根据不同保护地的类型和级别，采取多种类型的管理模式，包括主管部门中央直管、以主管部门为主的跨部门中央直管、主管部门中央和属地管理相结合、以主管部门为主的跨部门中央和属地管理相结合。避免"一刀切"式的改革。

2. 横向关系上，主管部门为主

针对目前多部门管理自然资源及其带来的问题，建议建立自然保护独立部门，即自然生态保护部，对于绝大多数保护地实行主管部门管理的体制。作为特例，针对海洋和水利保护地，其日常资源管理尤其是巡护工作对于行业依赖性较强，为了实现更低的管理成本和更好的保护效果，建议采取主管部门（自然生态保护部）与相应海洋、水利等职能部门相结合的模式，主管部门负责保护地总体空间布局、保护地功能区和范围调整、资源使用性质变更、保护地管理总体规划、法律法规/条例起草、政策/技术规范的制定，以及对于相应职能部门保护工作的监管等；相应职能部门（海洋和水利）负责保护工作的执行、日常执法和监督资源经营者和使用者。

3. 央地关系上，抓大放小

针对中央与地方权责划分不清带来的问题，建议对于具有最为或者非常重要保护价值的国家级保护地，采取中央直管的模式；其余保护地，在权责明晰的前提下，采取中央和属地管理相结合的模式。中央直管是指国务院直属的自然生态保护部负责保护地的所有权责，包括保护地管理机构的设立及人事任命、所有的保护及社区发展职责及全部的经费支出。中央和属地管理相结合的模式，主要是将保护地内社区发展的职责由当地政府承担，保护地内地资源经营的收益由当地政府支配，其他与中央直管相同。尤其是集体土地比例较大、社区人口较多、对于自然资源依赖性较强的保护地，在社区发展层面上中央需要与地方政府相互配合开展工作。

针对地方级保护地，建议鼓励多种形式的管理模式创新。例如将保护地的管理权以公共服务外包的方式委托给民间组织或非营利组织管理。同时，需要针对公共服务外包管理进行规范的制度设计和安排。

需要充分认识到，无论在资源数量上还是质量上，能够依靠正式制度进行管理的自然资源和生态系统，仅占国土资源的一小部分。因此，在正式制度之外，应该鼓励民间设立社区保护地，充分发挥社区及公众在自然保护中的作用。

4. 改革步骤上，渐进前行

现阶段，很多地方政府对保护地的旅游收益依赖性较强，短时间内无法完全实现自然资源的公益属性。因此，以体现保护地的公益属性为最终目标，建议分阶段逐步实现低门票甚至无门票的目标；在地方政府收益分配方面，建议分阶段逐步实现保护收益返还保护的目标。

参考文献

[1] 白帆，等. 2011. 普达措国家公园社区林业现状调查分析[J]，内蒙古林业调查设计，34（2）：82-84.

[2] 操小娟. 2010. 美国联邦土地收支管理法律制度及启示[J]. 中国土地科学，24（8）：77-80.

[3] 简·莱恩. 2004. 新公共管理[M]. 赵成根等译. 北京：中国青年出版社.

[4] 李柏青，吴楚材，吴章文. 2009. 中国森林公园的发展方向[J]. 生态学报，29（5）：2749-2756.

[5] 罗芬，保继刚. 2013. 中国国家森林公园演变历程与特点研究——基于国家、市场和社会的逻辑[J]. 经济地理，33（3）：164-169.

[6] 诺曼·弗林. 2004. 公共部门管理[M]. 曾锡环等译. 北京：中国青年出版社.

[7] 萨缪尔森，诺德豪斯. 1992. 经济学（下）[M]. 高鸿业译. 北京：中国发展出版社.

[8] 王尔德. 自然资源资产应按公益类和经营类分类管理：专访全国人大环资委法案室副主任王凤春[J]. 中国环境管理，2016（1）：20-22.

[9] 赵成根. 2007. 新公共管理改革：不断塑造新的平衡[M]. 北京：北京大学出版社.

[10] 中国科学院可持续发展战略研究组. 2015. 2015中国可持续发展报告——重塑生态环境治理体系[M]. 北京：科学出版社.

[11] 朱彦鹏，等. 2017. 关于我国建立国家公园体制的思考与建议[J]. 环境与可持续发展，2017，42（2）：9-12.

[12] BECHER L C. 1977. Property Rights：Philosophic Foundations[M]. London：Routledge and Kegan Paul.

[13] BUCHANAN J M. 1965. An Economic Theory of Clubs[J]. Economics，32：1-14.

[14] DALY H E. 1996. Beyond Growth：The Economics of Sustainable Development[M]. Boston：Beacon Press.

[15] CHAPMAN（eds.）. 1980. NOMOS XXII：Property[M]. New York：New York University Press.

[16] DENMAN D R. 1978. The Place of Property：A New Recognition of the Function and Form of Property Rights in Land[M]. Cambridge：Geographical Publications Limited.

[17] FLYNN N. 2004. 公共部门管理[M]. 曾锡环等译. 北京：中国青年出版社.

[18] GREY T C. 1980. The Disintegration of Property[M]. New York：New York University Press.

[19]　HARDIN G. 1968. The Tragedy of the Commons[J]. Science. 162：1243-1248.

[20]　HOLFELD W N. 1923. Fundamental Legal Conceptions as Applied in Judicial Reasoning and Other Legal Essays[M]. New Haven：Yale University Press.

[21]　HONORE A M. 1961. Ownership. In A. G. Guest，ed.，Oxford Essays in Jurisprudence[M]. Oxford：Oxford University Press.

[22]　MACPHERSON C B. 1978. Property：Mainstream and Critical Positions[M]. Toronto Buffalo：University of Toronto Press.

[23]　MARKANDYA A，PERELET R，MASON P，TAYLOR T. 2001. Dictionary of Environmental Economics[M]. Oxford：Oxford University Press.

[24]　MUNZER S R. 1990. A Theory of Property[M]. Cambridge：Cambridge University Press.

[25]　OSTROM E. 1990. Governing the Commons：The Evolution of Institutions for Collective Action[M]. Cambridge：Cambridge University Press.

[26]　SAVAS E S. 2002. 民营化与公司部门的伙伴关系[M]. 周志忍等译. 北京：中国人民大学出版社.

[27]　SINGER J. 2000. Entitlement：The Paradoxes of Property[M]. New Haven：Yale University Press.

[28]　UNDERKUFFLE L S. 2003. The Idea of Property：Its Meaning and Power[M]. Oxford：Oxford University Press.

声　明

　　本书所有地理疆域的命名及图示，不代表中国国家发展和改革委员会、美国保尔森基金会和中国河仁慈善基金会对任何国家、领土、地区，或其边界，或其主权政府法律地位的立场观点。

　　本书所有内容仅为研究团队专家观点，不代表中国国家发展和改革委员会、美国保尔森基金会、中国河仁慈善基金会的观点。

　　本书的知识产权归中国国家发展和改革委员会、美国保尔森基金会、中国河仁慈善基金会和本书著（编）者共同拥有。未经知识产权所有者书面同意，严禁任何形式的知识产权侵权行为，严禁用于任何商业目的，违者必究。

　　引用本书相关内容请注明来源和出处。